杨怡祥 / 著

葡 萄 酒
品 鉴 事 典

天津出版传媒集团

天津科学技术出版社

著作权合同登记号：图字 02-2014-408

中文简体字版 © 2014 年，由北京博采雅集文化传媒有限公司出版。

本书经由厦门凌零图书策划有限公司代理，经元神馆出版社有限公司正式授权，同意北京博采雅集文化传媒有限公司出版中文简体字版本。非经书面同意，不得以任何形式任意复制、转载。

图书在版编目（ＣＩＰ）数据

葡萄酒品鉴事典 / 杨怡祥著 .
-- 天津 : 天津科学技术出版社， 2014.8
ISBN 978-7-5308-9157-5
Ⅰ . ①葡… Ⅱ . ①杨… Ⅲ . ①葡萄酒－品鉴 Ⅳ .
① TS262.6

中国版本图书馆 CIP 数据核字（2014）第 196914 号
— —

责任编辑：方　艳

天津出版传媒集团

 天津科学技术出版社出版

出版人：蔡　颢
天津市西康路 35 号　邮编 300051
电　话：（022）23332695
网　址：www.tjkjcbs.com.cn
新华书店经销
北京彩虹伟业印刷有限公司印刷

开本 889×1194 1/24　印张 8　字数 220 000
2014 年 9 月第 1 版第 1 次印刷
定价：36.00 元

目　录

自序：品葡萄美酒从浅尝"百大"开始

自从出版了《世界第一美食，非吃不可》之后，很多人就以"美食家"的称号来恭维我；后来我又出版了《人生不要无聊就好：邱永汉以美食建立人脉》，主要介绍邱先生的美食人生，许多读者不免要问："大多数的世界第一美食都要有好酒搭配，为何不见您的书中谈及？"美食家不懂酒似乎有欺世盗名之嫌，因此只好厚颜应元神馆林社长之请，续写"美食系列"的第三本：有关葡萄酒的书。事实上，本书可以说是一面请教行家，一面品尝、学习，才勉强交差的。

作为一位专治眩晕症的医师，我本来是滴酒不沾的，同时也一再告诫眩晕症患者，喝酒可能会加重病情，或引发其他症状。奇怪的是，当诊治好眩晕病患（特别是企业界的朋友）的病之后，他们不约而同地请我品尝其珍藏多年的法国五大名酒。拂不过人家的美意，才开始浅尝拉图堡、木桐堡、拉菲堡、奥比昂堡、奥松堡、白马堡五大名酒，感觉喝起来相当顺口，因此认为葡萄酒都是如此美妙。直到有一次

参加同事的喜宴，喝了一口餐厅准备的红酒，才知道原来葡萄酒的品级相差那么大。我真是被宠坏的酒客而不自知，因为一入门就喝世界级美酒，正如同人生第一餐就在米其林三星餐厅吃，以后就没什么值得惊艳的食物了。

我品酒的启蒙老师是鸿海副总裁卢松青先生，承他美意，几乎请我喝遍全世界最好的百大名酒。有一次在台北，他还请法国米其林三星餐厅的掌厨侯布松喝了一大杯 1982 年帕克打 100 分的拉图堡红酒，侯布松不可置信地说："这是梦幻名酒，没想到能在台湾喝到！"感激之情溢于言表。记得当时同桌的陈秋桦董事长也拿出1992 年两瓶装的李其堡名酒共襄盛举，诚盛情感人。我为了撰写此书，经常请教藏酒甚丰又不吝分享的松青兄，有时问到某一款百大名酒的特点，他竟有点惊讶地问："这酒我们以前不是喝过吗？"让我甚尴尬。原来某次喝的就是这款名酒，真是有眼不识泰山，入宝山而空手回，因此暗下决心，非把葡萄酒弄懂不可。

前监委王玉珍董事长、高碧峰董事长也不遑多让,他俩每次请客总备妥超级好年份的五大酒庄名酒半打以上,以让宾客喝到爽为乐事,连当时在场的法兰丝黄安中董座都不禁说"开了眼界"。

方元开发张书泓董事长宴客时一样豪气万千,他总是从库克(Krug)香槟开始,每道菜必严选一瓶百大名酒搭配;餐后则飨以匈牙利拓凯(Tokaji Essencia)贵腐甜酒,另外再馈赠宾客几瓶百大名酒。

其他请我喝过好酒的还有:香槟骑士黄辉宏、画家陈正雄大师、御医李平、西园医院陈淳院长、广明DVD教父简贞介、三商集团董事长陈翔立、汉友投顾董事长周邦基、PC Home董事长詹宏志、大众证券陈田稻董事长、台裕橡胶张盈泉董事长、法兰丝企业黄安中董事长、豪勉科技彭以豪董事长、张慧如小姐等。感谢这些事业有成的大老板们,能秉持独乐乐不如众乐乐的胸襟,不吝与人分享,才使在下有幸登入美禄天堂,体会勃艮第、波尔多一级美酒,知道好酒的共同特征就是酒体醇厚、口味细致、复杂、余味无穷,酒一入口犹如百人交响乐团演奏一般,高潮迭起。即便是法国二级酒庄的酒,也有数十人管弦乐团合奏的风采。其实,一瓶动辄数万元的名酒绝非普通大众所能负担,所以我在书中也特别推荐了几款"平民葡萄酒",只要花上几十美元,就可享受差可比拟的滋味,这全有赖众多酒友的鼎力指教。

近年来,巴黎戴高乐国际机场的免税商店亦有全套的法国八大名酒出售,定价尚属合理,但如果不是搭乘直航班机就千万别买,因为极有可能在中途转机国遭安检部门没收,想来"9·11事件"后任何液体是不能登机的,这点希望读者留意。

最后要特别感谢法国香槟骑士黄辉宏与罗冠伶小姐在百忙之中抽空为本书精心改错,也感谢大法官陈新民教授慨然惠赠荣获马德里世界美食图书大展第一大奖巨作:《稀世珍酿》与《酒缘汇述》《酒海南针》,本书许多资料都是参考其内容编写而成的,这些书也是个人品酒的圣经。

虽然作者已力求写得深入浅出、巨细靡遗,但毕竟如"和尚写肉",深感罪过,疏漏之处恐怕难免,还请行家不要见笑。

杨怡祥

2013年8月吉日

第一章　葡萄酒的发展史

　　葡萄酒起源于何时，一直是众说纷纭，没有绝对准确的说法。其实人类在学会将采摘的果实储存、屯集起来时，有意无意间就学会了如何酿制果酒，而最"原始"的葡萄酒极有可能就是在这种情况下发明的。

五千年前的金字塔壁画已有记载

葡萄酒是葡萄中糖分经由天然酵母菌发酵的产物，我们偶尔吃到过熟的果实，会觉得有一股酒味，此即"酒化"效果，完全不需人为，相信史前人类也知之甚详，因此要推测葡萄酒的酿造年代无疑历史久远。史前人类在居住的洞穴中，把吃剩的水果放入容器，层层垒高，下层的果子不免流出汁液，而空气中无处不在的野生酵母自然会将果汁发酵成果酒。相信自有人类以来，就有葡萄酒的踪迹。不但人类，连猿猴都颇好此物。清朝彭孙贻在《粤西偶记》中记载："粤西平乐等府山中，猿猴极多，善采百花酿酒。樵子入山得其窠穴者，其酒多至数石，饮之香美异常，名曰猿酒。"相传古代有一位波斯国王，平日爱吃葡萄，并将大量葡萄保藏在一个大陶罐里，标上"有毒"的字样，防人偷吃。

有次国王的妃子因不得宠，想要自尽，因此擅自饮用了标明"有毒"的陶罐内的饮料。没想到这种"毒药"滋味不错，非但没有致命，反而令人兴奋异常。国王知道后，取出来饮用，竟也十分欣赏，从此颁布命令，专门收藏民间成熟的葡萄，紧压在容器内进行发酵，成为大量酿造葡萄酒的滥觞。

埃及金字塔壁画描绘了采摘葡萄酿酒的过程

葡萄酒的西方史

说到葡萄酒，一般人就会想到那是"洋人的玩意儿"。事实上，据记载，西方酿造、饮用葡萄酒的历史确实比东方早多了。这可能与葡萄最早产于地中海地区，之后才西传至欧洲，更晚才向东传到亚洲的史实有关。

人类喝葡萄酒的历史相传已经有六千年了，但最早有"迹"可寻的记载是已出土的金字塔壁画，大约绘制于五千年前，其中就描绘了当时的居民采摘葡萄、酿造葡萄酒的过程，一般认为，葡萄酒最早出现在伊朗、伊拉克一带。

此后又过了两千年，才有关于葡萄酒的文字记载。据考证，《荷马史诗》大约写于三千年前，其中有一章描述了一个与葡萄酒有关的故事：奥德赛误入独眼巨人的洞穴，面临死亡的威胁，情急之下，他发动手下四处采集野葡萄，用脚踩出葡萄汁并酿成葡萄酒，让独眼巨人饮下，并趁巨人烂醉时弄瞎其仅剩的眼珠，才得以逃出险境。由此可见，当时该书的作者已经知道如何酿造葡萄酒，而且知道饮用葡萄酒后的反应。

据《圣经》记载，耶稣在最后的晚餐上说："面包是我的肉，葡萄酒是我的血。"因此基督教向来将葡萄酒视为圣血。

《圣经》里有 521 次提到葡萄酒

葡萄酒最早出现在中东的证据，莫过于数千万人阅读的《圣经》，其中《创世纪》第 9 章中就有记载：诺亚建造完成方舟后，带领众人逃过世纪洪荒，当时方舟内的"生活必需品"或"谋生工具"还包括几段挑选好的葡萄藤，而且诺亚一下船就开始种植葡萄，并发展为广大的葡萄园。整本《圣经》中竟有 521 次提到葡萄酒（只有《旧约全书》中的《约拿书》没有葡萄或葡萄酒的记载），包括耶稣行使的第一个神迹：在迦南村参加犹太人婚礼时，将水变成葡萄酒（叫人打来六桶井水，但倒出来的竟是香醇的葡萄酒）。又如《马太福音》第26章，耶稣在最后的晚餐时把葡萄酒递给门徒，并说："你们都喝了吧！因为这是我的血，印证上帝跟人立约的血，为了使许多人的罪能得到赦免而流的血。我告诉你们，我绝不再喝这酒，直到我与你们在我父亲的国度里喝到新酒的那一天。"从此，颜色鲜红如血的红葡萄酒便成为耶稣圣血的象征。所有的基督教圣经故事都发生在中东，所以推测红酒起源于中东地区应不为过；而且受推崇的是由红葡萄酿造而成的红酒，不是绿葡萄酿造的白葡萄酒。

据推测酿酒技术也早在五千年前就经由商路从伊朗往西传到希腊，往南传到埃及，往东传到新疆。之后随着罗马帝国的版图不断扩张，葡萄的栽种与酿造技术也由希腊传到了欧洲、中东与北非等地区。15世纪以后，随着殖民运动，葡萄酒的栽植与酿造技术相继传到了美洲、澳大利亚、新西兰及南非等地。

在西传过程中，有几个代表性的事件影响到了"葡萄酒文化"的发展，不可不提。

（1）酿酒技术由伊朗传到希腊以后，葡萄酒在当地大受欢迎，不仅成为一种时尚，甚至被誉为文明的象征。当时，希腊的男人们在正餐结束后，通常都会再喝点葡萄酒，天南地北畅谈一番，称为 Symposium，意思是"会饮"；后来，英文也加以沿用，但引申为学术会议（Symposium）。公元前 5 世纪，希腊历史学家修昔底德甚至说："地中海沿岸的居民从学会种植橄榄和葡萄那一天起，才开始走向文明。"

（2）当时在地中海沿岸活动的希腊人及腓尼基商人，发觉在其故乡（希腊）种葡萄、酿酒虽然很好，但酿好的酒要用陶土瓮封装，再千里迢迢运到地中海附近贩卖，相当不方便，还不如直接教当地的高卢（法国）人利用得天独厚的地理条件（气候温暖、雨量适中），种植葡萄并酿酒。从此，葡萄及葡萄酒风靡整个欧洲。高卢（法国）人没有想到的是，因其所产的葡萄酒在罗马大受欢迎，罗马皇帝图密善（Domitian）为了保护当地的果农与酿酒业，竟下令拔除高卢一半的葡萄树，可以说是"怀璧其罪"的无妄之灾。

（3）酿酒技术从希腊传入罗马后，葡萄酒很快席卷了意大利半岛，不仅如此，还随着罗马帝国势力的不断扩张而传遍欧洲。据估计，葡萄树在公元 1 世纪时已遍布罗纳河谷，2 世纪普及全勃艮第和波尔多地区；3 世纪时到达卢瓦尔河谷，到了 4 世纪，整个香槟区和摩泽尔河谷都散发着葡萄酒的芬芳。公元 9 世纪时，神圣罗马帝国的查理大帝还斥资在法国勃艮第开了一家顶级酒庄，也开启了法国酿造世界级名酒之先河。罗马帝国灭亡后，高卢酒农至今还延续着其传统的酿酒法。

（4）西多会修士提升了葡萄酒的质量，并将其推广至世界各地。1112 年，年轻狂热的西多会修士伯纳德·杜方，因不满本笃会的戒律松弛而自立门户。他建立新戒律，严格限制修道院的人数不得超过 48 人，避免过度扩张；一旦一家修道院的修士满60 人，其中 12 人就得离开，另建新点。由于追随者众多，短短三年间就在勃艮第一带增开了四家修道院。

西多会修士的贡献除了开拓据点之外，就是提升葡萄酒的质量，并推广至世界各地。由于自古以来《圣经》与基督教信徒都将红葡萄酒当作"耶稣的圣血"，因此葡萄酒是参与弥撒时不可或缺的。西多会修士平日除了修行之外，还要在葡萄园工作，并且自己酿酒。他们不仅对宗教狂热，还属于完美主义者，为了酿出更美好的葡萄酒，不断地利用修枝、嫁接等技巧培育优良品种，甚至用舌头亲尝土壤，以判断其成分，再挑选最适合者。其努力与成效深获肯定，因此许多教会都愿意捐出土地以供他们开辟葡萄园。14世纪，可以说法国南部的多数葡萄园都属于西多会所有，葡萄酒也随着传教士的足迹被推广到世界各地。

（5）软木塞发明之后，葡萄酒的价值被推上了高峰。一般认为软木塞发明于1650年前后，软木塞有利于葡萄酒的储存，还能增加风味，进而提升葡萄酒的价值。此外，还有几个阶段亦具推波助澜之势。1780年法国大革命之后，西多会全面退出酿酒业，其所属的约10117公顷（25000英亩）葡萄园也一并转售，使得葡萄的种植与酿造在民间大为兴盛。其次是第一次世界大战期间（1914—1918年），"酒标不实"一度影响人们对法国葡萄酒的评价，直到20世纪30年代，法国政府经过大力整顿，推行法定产区管制（A.O.C.）后才有所改善，这也使得品酒者重拾信心。

如今，葡萄酒已经成为一种世界性饮品，不仅是吃正式或高档西餐时的必备饮品，最近几年更因号称能防治心血管疾病而备受人们的青睐，犹如东方人的"养生酒"，广受欢迎。几乎世界各地都有人栽种葡萄，但用于酿酒的葡萄栽种地区增加得不多，其正式产区可大致分为新世界和旧世界两大阵营：旧世界即原本就种植酿酒用的葡萄的国家，包括法国、德国、意大利、西班牙、葡萄牙；新世界（新加入者）则有美国、澳大利亚、新西兰、南非、智利、阿根廷等。一般而言，旧世界更着重于传统酿造工艺，强调葡萄本身的气味与口感（较厚重）；新世界则以现代酿酒技术为主，重视葡萄酒的香醇，标榜其果香更加浓郁。

葡萄酒的东方史：唐朝最盛并东传

东方世界开始酿造、饮用葡萄酒的时间晚于西方，目前发现的最早记载为2100多年前，即汉武帝建元年间，张骞出使西域（新疆）之后顺便带回当地的特产葡萄，才逐渐受到人们的重视。

汉代所称的"西域"泛指玉门关、阳关以西的中亚地区，当时已知西域的大宛国盛产葡萄（那时叫蒲桃），当地所酿的葡萄酒在南北朝时期（420—589年）已经很有名气，《史记》和《汉书》中还记载：大宛国的富人善酿葡萄酒，其所藏动辄万余石（1石约合104升），耐久藏，即使存放几十年也不会腐败，可见当时葡萄酒的酿造技术和规模都已十分可观。据史料记载，汉朝时陕西扶风人孟

酒泉夜光杯

佗（字伯良）家中富有，想要花钱买官，结果以一斛葡萄酒贿赂宦官张让，当上了凉州刺史。可见当时葡萄酒的价值比现金高。后来，苏轼有诗"将军百战竟不

侯，伯良一斛得凉州"，意思是说百战沙场的将军竟不如孟伯良的一斛美酒，就是在讽刺权贵争相珍藏葡萄酒、以饮美酒为时尚的社会风气。

此种风气一直延续到唐朝。唐太宗平定了盛产葡萄的"高昌国"（现吐鲁番盆地）之后，葡萄酒即源源不绝地输入长安，当时很多有名诗人的作品中都有吟咏葡萄酒之句，例如李白在《少年行》曾云："笑入胡姬酒肆中"，"胡姬"指西域来的碧眼"酒女"，足见当时的有钱人流行在胡人经营的酒家饮酒作乐，而其所饮的即是

高昌运来的葡萄酒；唐朝王瀚《凉州词》中的"葡萄美酒夜光杯，欲饮琵琶马上催"名句，传诵千古，至今不绝，显然，汉唐时，人们已有饮用葡萄酒的习惯。

后来传教士马可·波罗在其著作《马可·波罗游记》中也提到："山西太原府有许多好葡萄园，酿造很多葡萄酒，贩卖到各地去。"由此可见，最迟在元代已经可以在市场上买到酿好的葡萄酒了。

时至今日，我国境内的酿酒葡萄主要来自新疆，其栽种面积与产量均位于世界前几名。至于其他东方国家及地区的葡萄酒酿造与饮用史应该都晚于中国，如日本可能就是唐朝时才接触、引进的，其他国家则更晚。如今，由于西风东渐、信息流通快速，各式各样的葡萄酒凭借宣传优势，以时尚及有益健康（预防心血管疾病）为广告诉求，近几年来席卷酒类市场。人们不仅在吃西餐时，就连中餐、喜宴与日常聚会也以喝红酒为时尚，其盛况不亚于唐代的"笑入胡姬酒肆中"。

第二章　不可不知的葡萄酒小常识

如今红酒热席卷全球，那么到底葡萄酒是怎么制造出来的？该怎么称呼它才正确？其价值与葡萄产地、制造的酒庄有关吗？影响葡萄酒质量的要素有哪些？在品酒之前，这些基本常识不可不知。

葡萄酒的定义与种类:
Wine、Red wine 与 Alcoholic drinks

自从医学报道认为喝葡萄酒有助于预防、改善心血管疾病症状之后，葡萄酒就从增强食物美味，一跃成为保健饮品。现在，世界各地都流行喝葡萄酒养生，但究竟如何定义"葡萄酒"？为什么市面上各种不同口味、不同酒精浓度的酒都号称葡萄酒，却没有葡萄的味道？有的人搭飞机时想喝啤酒，依照自己所学的英文，跟空乘人员说要 Wine（酒），结果送来的是葡萄酒，令其大感错愕。

其实，在英语世界里，Wine 指的是葡萄酒，而非泛指所有的酒类；若葡萄酒之中添加了其他成分，则通常都会有其他命名。因此如果有人询问：Do you want some wine? 就是意指"要不要喝点葡萄酒（以葡萄为原料制成的酒）"，绝对不是啤酒，

因为两者的原料不同（啤酒由小麦发酵而成）。如果不一定要喝葡萄酒，只是想喝点酒，那么就应该说 Alcoholic drinks。例如问人家：Do you want some alcoholic drinks? 这里的 Alcoholic drinks 就泛指一般含酒精饮料，包含所有酒类。

依照欧盟的定义，"葡萄酒"是指"含皮或不含皮的新鲜葡萄或葡萄汁，经过全部或部分酒精发酵而得的产物"，亦即"含皮或不含皮"为葡萄酒的制造要件。例如，在发酵过程中，采用红葡萄连同葡萄皮一起浸泡、发酵、酿造，中途不加糖，酿好的酒含有极高的单宁和色素，就是所谓的红酒，英文为 Red Wine，酒精浓度为 11%~14%。若以果皮与果汁一起发酵，经过一段时间后取出果皮，其余的再继续发

葡萄发酵过程是否含皮，决定了葡萄酒的色泽与品种。

酵，则制造完成后的葡萄酒呈粉红色，如台湾烟酒公司生产的玫瑰红酒、红露酒。如果发酵一半就装瓶，让后段发酵在瓶内进行，使得发酵产生的二氧化碳留在瓶内，就成为气泡酒，例如香槟。

所以说，葡萄酒可以依有无"气泡"，而大致分为"无气泡葡萄酒"及"气泡葡萄酒"（即气泡酒）两大类。无气泡葡萄酒包括白酒、红酒及玫瑰红酒三种，气泡葡萄酒则以香槟为代表。

葡萄酒酿造完成后，还可根据需要添加其他酒类。例如，加入中性烈酒（如白兰地）之后就变成雪莉酒（Sherry）、波特酒（Port）、马尔萨拉酒（Marsala）、彼诺甜酒（Pineau des Charentes）等餐后甜酒，其酒精浓度为18%~22%；以白酒为底，加入艾草、树皮香料药酒浸渍，则变成苦艾酒（Vermouth）；以葡萄酒为底，加入奎宁皮、香料，称为杜本内（Dubonnet）。这些都算是葡萄酒的衍生酒品，至于白兰地，则是葡萄发酵后蒸馏出来的酒，酒精浓度约为40%。

可是对不善品酒或初入门者而言，每次看到葡萄酒瓶上贴着琳琅满目的产地标识时，往往有"丈二和尚摸不着头脑"之感。究竟这些产地或名称代表什么意义呢？这就必须从葡萄酒的故乡法国谈起。

认识世界知名的葡萄酒产地

　　法国葡萄酒主要产于六个区，由北至南分别为：香槟区（以气泡酒为代表），阿尔萨斯（Alsace，以白葡萄酒为代表），卢瓦河谷（Loire Valley，产白酒），勃艮第（Burgundy，红、白酒均有），波尔多（Bordeaux，红、白酒）和罗纳河谷（Cote du Rhone，主要为红酒）。其中，最有名的是位于东中部的勃艮第（Burgundy）以及西南部的波尔多（Bordeaux）两大产区。

法国葡萄酒产区

波尔多：包括梅多克、波默多、圣埃美隆、格拉芙与苏特恩

波尔多的葡萄园达 11 万公顷，为勃艮第的三倍，一个区内就有两万多个酒庄、54 个 A.O.C. 产区，其中最负盛名的产区为：梅多克（Medoc）、波默多（Pomerol）、圣埃美隆（St. Emilion）、格拉芙（Graves）、苏特恩（Sauternes）五处，以下稍做介绍（注：此处所说的"白酒"指白葡萄酒，与国人习惯饮用的高粱酒等无色透明的"白酒"不一样）。

波尔多以吉伦特河（Giromde）为界，分为左、右两岸，土质各有不同。左岸包括梅多克与格拉芙，为砾石沙土；右岸包括圣埃美隆和波默多，乃石灰岩混合黏土。加上葡萄品种不同，所酿造的葡萄酒的酒品酒质自然大相径庭。

梅多克：以波亚克为代表

梅多克是吉伦特河左岸最重要的产区，又可细分为四个小酒区，由北至南依次为圣埃斯泰夫（St. Estephe）、波亚克

波尔多产区

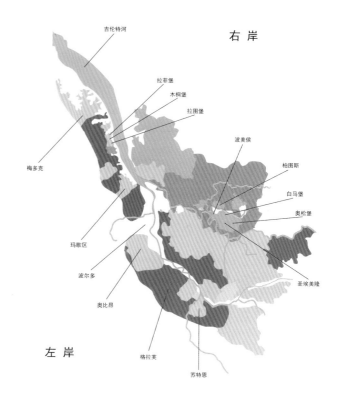

右岸

吉伦特河

拉菲堡
木桐堡
拉图堡

波美侯

柏图斯

白马堡

奥松堡

梅多克

玛歌区

波尔多

奥比昂

左岸

格拉芙

圣埃美隆

苏特恩

（Pauillac）、圣朱利安（St. Julien）与玛歌（Margaux），其中波亚克因生产三大世界级名酒：木桐·罗基德堡（Chateau Mouton Rothschild，即木桐堡）、拉菲堡

（Chateau Lafite‐Rothschild）、拉图堡（Chateau Latour）而知名，所以人们常以波亚克代表梅多克。

波默多：以出产"酒后"柏图斯扬名

波默多的产地面积虽然只占波尔多的3%左右，但其所出产的"柏图斯（Petrus）"葡萄酒几乎与红酒之王"罗曼尼·康帝"齐名；说波默多因"柏图斯"而贵，应该一点儿也不为过。

柏图斯酒庄旁还有一个"拉弗堡"，又名"花堡"（Chateau Lafleur），其产品也属于世界级好酒。

格拉芙：出产两大世界级名酒

格拉芙生产的奥比昂堡（Chateau Haut Brion），与玛歌酒区的玛歌堡（Chateau Margaux），以及波亚克的拉图堡、拉菲堡、木桐堡，并称为"左岸五大名酒"。若加上右岸圣埃美隆（St. Emilion）生产的白马堡（Chateau Cheval Blanc）、奥松堡（Chateau Ausone）以及波默多生产的柏图斯，则被誉为"波尔多八大"，这些可以说都是世界公认的波尔多地区顶级酒庄。尤其格拉芙的五个酒庄中，有四个早在1855年即被评定为"波尔多一级酒庄（First Grand Crus Classes）"，只有木桐堡扬名较迟，当中还有一个插曲。

话说美国第三任总统杰弗逊一向对酒极有研究，他在1787年担任驻法大使期间可谓如鱼得水，除了尽情品尝法国葡萄酒之外，他还评鉴酒庄的良窳，认为波尔多五大酒庄分别为：玛歌堡、拉菲堡、拉图堡、奥比昂堡及木桐堡，可惜这项评鉴未获当局认同。在1973年之前，木桐堡一直被列为二级酒庄，后来，当时的法国农业部长席哈克（几年后当选为法国总统）才将木桐堡"扶正"，宣布它为一级酒庄，排名第五，足足比杰弗逊后知后觉了186年。

苏特恩

苏特恩位于波尔多最南端，专门酿造甜白酒，其中以伊甘酒庄（Chateau d'Yquem）最具代表性，也是杰弗逊总统的最爱。

不可不知的葡萄酒小常识

圣埃美隆

圣埃美隆特级酒庄（Premiers Grand Cru Classe）所制造的 A 级酒，除了奥松堡与白马堡外，2012 年又新增了金钟堡（Chateau Angelus）及帕威堡（Chateau Pavis）。

勃艮第

勃艮第的葡萄园面积虽然只有波尔多的三分之一，但由第戎（Dijon）往南延伸，在 160 千米的狭长地带分布了 1800 家酒庄，共分为：夏布利（Chablis）、夜丘（Cote de Nuits）、伯恩丘（Cote de Beaune）、夏 隆（Cote de Chalonnaise）、马 贡（Maconnais）、薄酒莱（Beaujolais）六大产区。其中以夜丘至伯恩丘之间，约 35 千米长的"黄金坡（Cote d'Or）"为代表，特别是罗曼尼·康帝酒庄（Domaine de La Romanee Conti，DRC）所酿造的罗曼尼·康帝（La Romanee Conti）红酒，可以说相当于汽车界的劳斯莱斯；而蒙哈榭园（Montrache）生产的天王级白酒，其地位犹如汽车界的奔驰。就品牌而言，红酒以黑品诺挂帅，白酒以霞多丽为王。

勃艮第产区

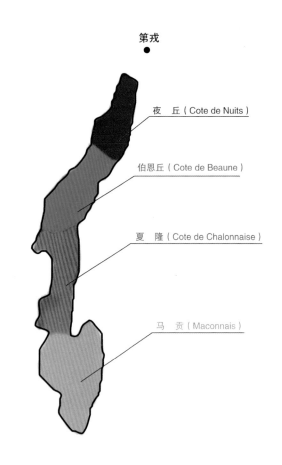

第戎

夜　丘（Cote de Nuits）

伯恩丘（Cote de Beaune）

夏　隆（Cote de Chalonnaise）

马　贡（Maconnais）

波尔多八大名酒庄	地区
Chateau Margaux　玛歌堡	玛歌（Margaux）产区
Chateau Latour　拉图堡	波亚克（Pauillac）产区
Chateau Mouton-Rothschild　木桐堡	波亚克（Pauillac）产区
Chateau Lafite-Rothschild　拉菲堡	波亚克（Pauillac）产区
Chateau Cheval Blanc　白马堡	圣埃美隆（St.Emilion）产区
Chateau Haut-Brion　奥比昂堡	格拉芙（Graves）产区
Petrus　柏图斯	波默多（Pomerol）产区

法国五大葡萄酒产区	面积	特性
梅多克	32110 英亩	以红酒为主
圣埃美隆	12676 英亩	以红酒为主
格拉芙	5992 英亩	生产红酒和不甜白酒
苏特恩	3499 英亩	只生产甜白酒
波默多	1803 英亩	面积最小，只生产红酒

（1 英亩 ≈ 0.4 公顷）

认识葡萄的品种

　　世界上葡萄的品种至少有八千种之多，其中约只有五十余种用于酿酒，其他大多作为水果食用。而酿酒用的葡萄又可大致分为红、白两大类，常用来酿造红葡萄酒的葡萄品种不外乎有：赤霞珠（Cabernet Sauvignon），梅洛（Merlot），西拉（Shiraz），黑品诺（Pinot Noir），品丽珠（Cabernet Franc），歌海娜（Grenache），桑娇维基（Sangiovese，主要用来制造意大利托斯卡纳的勤地酒，Chianti），内比奥罗（Nebbiolo，用来酿制意大利名酒巴罗曼，Barolo），添普兰尼诺（Tempranillo，主要酿制西班牙名酒 Rioja），仙粉黛（Zinfandel，美国加州名酒），佳美（Gamay，主要用来制造法国薄酒莱葡萄酒）等。其中以赤霞珠，品丽珠，黑品诺、梅洛等最为普遍。

赤霞珠

　　"赤霞珠"也直译作"卡本内·苏维翁"或"解百纳"。此种葡萄的果皮呈黑色，果粒小，果实最晚成熟，但果实饱满、香气浓烈，酿成长期成熟型的红葡萄酒后颜色较深，具有浓郁的黑醋栗味，还兼有淡淡的樱桃、紫罗兰或木香气味。由于单宁含量高，因此入口时可以感觉到一股特别的酸涩味，给饮者以最极致、最特别的感官享受。

　　赤霞珠主要产于法国的波尔多、卢瓦尔河谷及普罗旺斯，波尔多的五

赤霞珠

大酒庄全部采用这个品种，因此赤霞珠被誉为"红酒之王"。

葡萄酒美味的关键之一就是葡萄中的单宁，而赤霞珠正以单宁含量高著称。单宁的"身段"柔软多变化，其性可硬可软，可浓可淡，红酒好不好喝的秘诀就在于能否把原本涩口、刺喉的单宁，"驯化"得口感浓厚又不失温润滑顺。通常以赤霞珠制成的葡萄酒，先要在橡木桶里醇化两年，再在瓶内存放 7~10 年之久，这样才能使单宁达到圆融浑厚、温润顺口的最佳状态。

正因为单宁很不容易驯服，所以有些酒厂就采用"波尔多调配模式（Bordeaux Blend）"，把赤霞珠与梅洛、品丽珠、小维多（Petite Verdot）以及马尔贝克（Malbec）等其他葡萄品种混酿在一起，以冲淡赤霞珠中浓厚的单宁，并增加其风味的复杂性。

世界上能够成功种植赤霞珠的地区，除了法国以外，美国加州的纳帕谷（Napa Valley）位列第一，澳大利亚、智利及阿根廷也生产一部分。其他以赤霞珠为主要成分，酿制而成的世界级名酒还有：鹰啸酒（Screming Eagle）、徽章干红（Insignia）、多明纳斯（Dominus）、钻石溪红酒（Diamond Creek）等。加州政府还特别规定，如果要标示为 Cabernet Sauvignon，则赤霞珠成分至少要占 75%。

品丽珠

又译为"卡本内·弗朗"。品丽珠的果皮为黑色，果香明显，还带有覆盆子果香及特殊的削铅笔味。品丽珠是波尔多的圣埃美隆及波默多最常见的品种，

品丽珠

白马堡与美国加州纳帕谷知名的马雅酒（Maya），都是用此品种酿造而成，前述的赤霞珠就是品丽珠与长相思杂交的新品种。品丽珠偏爱凉爽的生长环境，其产区以波尔多、法国西南部及卢瓦尔河谷居多，美国加州的纳帕也种植一部分。

梅洛

梅洛

梅洛的果粒比赤霞珠小，果皮一样为黑色，但比较薄；果实成熟后带有黑李、黑樱桃的甜润香味，还带点儿肉桂、丁香等香料的风味，有的甚至能释放出檀香、烟叶、甘草与烘焙咖啡的气息。

梅洛适合在保水性良好的黏质土壤中生长，产区以波尔多最著名，几乎波默多及圣埃美隆的优良红酒都以梅洛为主要原料；尤其是波默多的柏图斯酒，其成分的95%都是梅洛。除了法国之外，美国（华盛顿州）及澳大利亚、智利也生产梅洛红酒。

梅洛虽然含有单宁，但酸度比较低，因此酿成红酒后，一入口的感觉犹如天鹅绒般柔顺，余韵甚佳。比较起来，梅洛的口味比赤霞珠轻，口感较顺，果实较早成熟，因此果香比"红酒之王"稍微浓一点儿。

黑品诺

黑品诺的果皮为黑色，其所含的单宁少，但富含果香，是最昂贵的葡萄品种。酿造出的红酒颜色明亮如红宝石，入口清爽、圆润且流畅，充满层次感，余味无穷。不过比较起来，其所散发的优质果香味更受好评。由黑品诺酿造出的红酒，风味复杂而多样：首先是随着酒的成熟度增加而出现花草芳香，之后还会受到栽种地的气温、土壤养分的影响而出现变化，从樱桃味、草莓味、松露味、皮革味、红茶味到玫瑰花香味都有。

黑品诺

黑品诺品种优良，价格昂贵，但生性脆弱，不易生长，通常适合在气候冷凉、干燥的地区较生长，例如法国勃艮第、美国俄勒冈州与加州纳帕谷、新西兰间谍谷（Spy valley）等地。另一方面，由于其所含的单宁比赤霞珠少，且成熟期短，通常只要贮藏4～6年就能饮用，加上气味芳香，因此吸引了很多葡萄酒品牌竞相采用，包括最著名的罗曼尼·康帝与勃艮第红酒，甚至很多香槟酒也是用黑品诺作为原料，例如知名的香槟伯爵、泰廷爵（Taittinger）。勃艮第红酒虽然只用单一品种的黑品诺酿造，但单宁的酸味控制得恰到好处，所以口感如丝绸般柔滑平顺，不涩而微甜。

佳美

佳美葡萄的果皮颜色深紫，果实大、汁多、皮薄，且带有浓郁的草莓、樱桃、紫罗兰及玫瑰花香，是薄酒莱地区的特产，主要用来酿造薄酒莱葡萄酒。佳美酿制的葡萄酒的单宁柔和、香气浓郁、酒精度低、充满活力，而且存放年限不长也可饮用。

西拉

西拉葡萄的果皮为黑色，果实小，又富含单宁，因此酸性较强。成酒颜色浓，涩味强，口感复杂多样，还具有覆盆子、黑醋栗、皮革等香味。

西拉

西拉主要产于温暖、干燥的地区，如法国罗纳河谷、澳大利亚巴洛莎谷，后来推广至全澳大利亚，成为产量最多的葡萄。此外，美国（加州）、南非、智利也都可见其踪影。很多著名品牌的红酒，如法国罗纳河杜克酒（La Turque）、澳大利亚顶级的彭福格兰吉（Penfolds Grange）红酒以及加州塞奎农酒庄（Sine Qua Non）的黑桃皇后，都是用西拉酿造的。

歌海娜

歌海娜葡萄的果皮亦为黑色，带有黑莓、草莓、胡椒、甘蔗与烤肉的果香，但因单宁含量低，很少单独用来酿酒，多与西拉、慕合怀特（Mourvèdre）调配以补其不足。其优点是可长年储藏，也适合酿造玫瑰红酒。

歌海娜的原产地在西班牙的东北部，现在法国南部、罗纳河谷及美国加州、澳大利亚皆可见其踪影。由于发酵后的酒精含量高，成为酿造巴纽尔斯（Banyuls）、莫利（Maury）和红天然甜葡萄酒（Vins Doux Naturels）的主要品种。

内比奥罗

内比奥罗只适合在咸性土壤、寒暖温差很大的皮埃蒙特（Piedmont）生长。其果皮为黑色，涩味强，带有黑樱桃、花草、松露、皮革香气，因而成为意大利红葡萄酒的代表品种，意大利酒王戈雅（Gaja）也是以内比奥罗为主要成分。

仙粉黛

仙粉黛

仙粉黛原产于意大利，现在则是美国加州最具代表性的葡萄品种。其特色为果皮黑色，皮薄，特别适合生长于白天温暖、夜间凉爽的环境，果实带有红（黑）莓果、肉桂、丁香、黑胡椒、巧克力等香气。

添普兰尼诺

添普兰尼诺为西班牙葡萄的代表品种，果皮黑色，其特色为早熟、皮厚，带有黑莓果、樱桃、皮革、烟草等香气，这是西班牙名酒维加西西里·独一珍藏（Vega Sicilia Unico）的主要成分。添普兰尼诺葡萄喜好生长在气候冷凉的高海拔地区，如里奥哈（Rioja）红酒就是以此类品种为主。

白葡萄酒的品种

除了常见的红葡萄酒，市面上也有不少的白葡萄酒，主要是酿造方式不同，在口感与选用的葡萄种类上也有差异。常用的品种是雷司令（Riesling）、霞多丽（Chardonnay）、长相思（Sauvignon Blanc）、赛美芙（Semillon）、白品诺（Pinot Blanc）、白麝香（Muscadet）及维奥涅尔（Viognier）。

霞多丽

霞多丽葡萄的果粒较小，皮呈灰绿色，主要生长在少雨、矿物质多的石灰质土壤，如法国勃艮第的夏布利、香槟区、卢瓦尔河谷等地。该品种的环境适应力很强，只要气候凉爽、不太炎热就可以生长；如今已经在美国、澳大利亚、新西兰、智利等地大量繁殖成功，其所生产的霞多丽白酒产量已经远超过法国勃艮第产区，但霞多丽仍是勃艮第白葡萄酒的代表品种。

过去，大家只知道法国勃艮第的红酒很有名，殊不知，勃艮第最好的白酒是用霞多丽葡萄酿造的，而霞多丽也是勃艮第白酒的代表品种，可酿造富有柑橘与苹果香，清新爽口的轻柔白酒。勃艮第除了最北方的夏布利只出产百分之百的白葡萄酒

霞多丽

之外，夏隆、伯恩丘、马贡所制造的白酒也很受欢迎。马贡的白酒产量只占一半，伯恩丘虽也只有15%，但其中蒙哈榭酒庄所酿造的蒙哈榭（Le Montrachet）干白在世界上的排名仍数一数二，和罗曼尼·康帝红酒并称"红白双杰"。蒙哈榭白葡萄酒刚酿好时为绿金色，成熟后呈黄金色，带有山楂和蜂蜜的味道。

霞多丽葡萄除了用来酿造白葡萄酒之外，更是香槟酿造商的最爱，法国香槟区库克罗曼尼钻石（Krug Clos du Mesnil）所产的顶级香槟"白中白"，即100%由霞多丽酿造；香槟王（Dom Perignon）的"精选香槟"则是以50%的霞多丽加上50%的黑品诺混合酿造而成。

雷司令

雷司令葡萄外皮呈黄绿色，带点儿紫色，果皮薄、酸度高，耐寒，属于晚熟型，因此多生长于冷凉气候区，如德国莱茵河谷、法国阿尔萨斯、澳大利亚、南非等地。

雷司令容易产生贵腐霉菌，又能散发果香（苹果、柑橘、杏桃、荔枝、杧果、

雷司令

菠萝、樱桃、木瓜）与浓重的蜂蜜香与花香，又耐长期存放。世界排名第一的伊贡·米勒（Egon Muller）贵腐酒，就是100%用雷司令酿造的，雷司令几乎成为德国甜白酒的代名词。

德国人习惯在白葡萄酒中加入少量未经发酵的天然葡萄汁，因此德国白酒带有甜味。而法国阿尔萨斯的雷司令葡萄酒则是不甜的，因为他们在酿制过程中把糖分都发酵掉了。

长相思

长相思葡萄的外皮为淡绿色，酸性强，性喜冷凉气候，产地多分布于法国波尔多

及卢瓦尔河上游，美国、澳大利亚、新西兰等地也有栽种。

由长相思酿成的白酒香气浓烈，闻起来犹如走近刚割过的草地，有的还会散发出柑橘、莱姆、百香果、葡萄柚、黑醋栗、白芦荀等香味。卢瓦尔河的白酒甚至带有矿物及烟熏风味，而新西兰的长相思则带有台湾番石榴香味，这也是其主要特征。

法国波尔多的长相思干酒香味含蓄而复杂，口感滑顺醇厚。有时会和赛美芙混酿，制成贵腐甜酒，主要分布于波尔多的苏特恩地区。

长相思

赛美芙

赛美芙品种葡萄的果皮为绿色，果粒小，糖分高，主要种植于波尔多、法国西南部及智利等处。

由赛美芙酿成的白酒带有热带水果与杏桃、蜂蜜的香味，加上受到贵腐霉（bortrytis cinerea）寄生的影响，能酿造出质量绝佳的甜酒，苏特恩所酿造的则是不甜的白酒。

由于此品种的酸度不足，故波尔多白酒常以长相思与赛美芙勾兑，前者香气浓、酸度高与后者甜度高，可为互补，经过数年成熟之后，更能突显其特殊风味与层次感。

白麝香

此种葡萄的果皮为黄绿色，比较早熟，果实带有青苹果、荔枝、玫瑰等的浓甜香气，常吸引大量蜜蜂与苍蝇。白麝香的产地以法国阿尔萨斯、罗纳河谷、地中海沿岸以及德国、意大利为主，酿成酒后口感清新、干爽。波尔多的苏特恩所产的甜白酒常以长相思、赛美芙及少量白麝香混酿而成。

莫尼耶品诺

此种葡萄（下图）的果皮为紫黑色，主要产于法国马恩省（Marne）和奥布省（Aube），意大利和加拿大也有栽种。由莫尼耶品诺酿成的白酒带有桃子或苹果味，有时也与黑品诺及霞多丽混酿，制成香槟酒，带有浓郁的果香味。

莫尼耶品诺

维奥涅尔

维奥涅尔

维奥涅尔（上图）的果皮为绿色，以前只产于罗纳河北部，如今在美国、智利、澳大利亚、南非都已种植成功。维奥涅尔酿制的葡萄酒有甜杏、芒果、菠萝、水蜜桃与热带花香，口味微酸而清爽，有时还带有麝香味。

酒中的单宁与酒石酸

　　葡萄酒之所以受到世人的普遍喜爱，除了它有助于预防心血管疾病、促进健康以及让人有微醺的快感之外，最主要的可能还是其清爽、微涩的口感，搭配荤食（红肉或海鲜类）食用，有去腻、增味的作用。

单宁是红酒风味的魔术师

　　我们喝红茶时，常会加牛奶或柠檬，目的就是中和茶叶中单宁的涩感。西方人喜欢在喝红酒时佐以芝士，也有异曲同工之妙。单宁是自然存在于葡萄皮、葡萄籽和葡萄茎中的一种苦味物质。当我们喝一口红葡萄酒或浓茶时，口腔中就会出现一种回甘的涩感，这种收敛的口感决定了葡萄酒的风味、结构与质地。酿酒师的工作可以说就是"和单宁缠斗"，既要适当保留单宁成分，又要设法降低其苦涩感。

　　酿造白葡萄酒通常必须先去皮、去籽，因此所含的单宁较少，口味比较淡；而在酿造红葡萄酒的过程中，通常以整颗的葡萄发酵，并没有去掉葡萄皮或葡萄籽，因此单宁的含量很高，喝起来有点儿涩，但去腻、增味的作用较强。

　　此外，贮藏葡萄酒的橡木桶也会释放部分单宁到葡萄酒中，而白葡萄酒因为怕被染色，很少贮藏在橡木桶内（除非是高级白酒），所以没有单宁酸渗透的问题。虽然单宁带点儿苦涩味，但若红酒不含单宁，或含量很少，则喝起来会觉得质地轻薄，缺乏醇厚感，薄酒莱葡萄酒便是这类红酒中的典型。这类葡萄酒的特点是比较清爽，但不耐久存，最好尽快喝掉。

含有丰富单宁的红酒可以存放多年，所谓"愈陈愈香"，只要保存得好，可以逐渐酝酿，造就香醇细致的陈年风味。

但单宁的成分如果控制得不好，含量太多就会使酒变得苦涩，难以入口。例如，在葡萄尚未成熟时便摘取酿酒，此时果皮含有过多的单宁，酿出来的酒滋味苦涩，就属于劣质葡萄酒。

除此之外，葡萄皮的厚薄也要注意。果皮较厚的葡萄所酿造的酒，颜色与口味都比较重，口感强烈；果皮较薄者酿成的

红酒

轻酒体　　中等酒体　　丰满酒体　　年轻葡萄酒　　陈年葡萄酒

白酒

轻酒体　　中等酒体　　丰满酒体　　年轻葡萄酒　　陈年葡萄酒

玫瑰红酒

黑品诺　　梅洛　　麝香桃红　　歌海娜　　马尔贝克

酒结构不紧密，但果香浓郁。单宁含量越高，越需要更多的水果风味来平衡，因此酿酒师为了平衡葡萄酒中单宁的含量，有时会混合几种不同品种的葡萄，以取得想要的风格与结构。

由此可见，单宁造就了红酒的特色，也创造了红酒的生命，如果调配得好更是一种艺术。艺术因人而异，红酒也是如此。同一年份、同一地区、同一品种的葡萄，只要酿酒师不同，最后的结果也就不一样。即使是同一个酿酒师，前后两次调配同样的葡萄，两者的风味也不同。因此有些高级红酒的包装上会有酿酒师的签名，就好像画家或艺术家在自己的作品上签名一样。

红酒也是唯一"有生命"的液体，开瓶以前好像处于冬眠状态；开瓶以后和空气一接触，其风味就不断出现变化，而且年份愈高者变化愈复杂。例如，法国波尔多的木桐堡、拉图堡等红酒，其单宁含量就非常高，入口香浓；尤其醇化 15 年以上的红酒，具有多层次、难以形容的细腻风

味，一品难忘。但这种好酒不宜太早打开。如果在 7 年内就迫不及待地饮用，则口感与二级酒差不多，实在是暴殄天物。

酒石酸会沉淀在瓶底

葡萄酒中含量最多的有机酸为苹果酸和酒石酸，两者总计含量为 90% 以上。其中苹果酸的酸味较重。如果苹果酸超过酒石酸，葡萄酒的酸味就会较强。酒石酸盐物质包括酒石酸氢钾和酒石酸钙，在水中的溶解度不大，在酒精中更小。当葡萄汁发酵成为葡萄酒时，随着酒精含量的增

沉积在软木塞上的酒石酸

加，酒石酸盐溶解度下降，酒石酸或其盐类就会逐渐析出，形成结晶，沉淀在发酵槽或贮酒桶底，这就是酒石。酒石亦常见

于酒瓶底部或软木塞上，呈粉状或片状，颜色从灰色至深红色，常被误认为是碎玻璃。酒石酸在酿酒过程中可以降低发酵时溶液的酸碱值，有效抑制有害细菌的生存，扮演类似防腐剂的角色。有些人不知道，以为酒的质量出了问题，或是添加了防腐剂。其实，酒石是无害的，也不会影响酒的质量。

第三章　怎样将葡萄变成美酒

——酿制葡萄美酒是一门学问

葡萄酒的质量与葡萄有关，葡萄的质量与葡萄树有关，而影响葡萄树生长的因素更多，树龄、土壤、气候、日照等缺一不可。只有多种条件具备，加上人为的努力，才可能成就葡萄美酒。

葡萄树树龄 30 年以上者为最佳

南半球与北半球栽种葡萄树的时间不同，通常北半球都在每年的 4、5 月，而南半球多在 10 月或 11 月，之后至少要经过 3 年才能结果、采收，成为酿酒原料。树龄 5 年以下的葡萄树，其所结的葡萄即使可以酿酒，味道也一般都比较淡，也不耐久藏；只有 30 年以上的老株才能酿出高质量（醇厚顺口）的葡萄酒。例如，柏图斯酒产区内的葡萄树每公顷只种六千株，平均树龄 40 岁，有的甚至已达 80 岁"高龄"。罗曼尼·康帝每公顷只植一万株，每公顷年产量才 2500 升，平均每 3 株葡萄树的果实才酿出一瓶顶级红酒。又如，世界最贵的德国白甜酒"伊贡·米勒"，其葡萄树龄平均是 50 年，每公顷生产 5000 升，树老、株少又产量有限，滋味岂能不美？价格岂能不贵？

为什么要强调老树且不能种植太密呢？因为稀疏才能让每棵树都有充分的发展空间，果实和位于低层的叶子才能照得到阳光。当然也不能种得太疏，否则，产量不足、不敷成本。而老树的枝条少，所结的果实亦少，这样才能累积能量，集中精华于少量果实之中，正如日本的皇冠顶级哈密瓜，每株只留一颗一样。通常葡萄树越老，其所酿出的葡萄酒的结构就越复杂。

除了老树的枝条较少之外，即使一般的葡萄树，为了保持葡萄的良好质量，通常果农也会主动修剪枝条，不留太多，尤其是在温度较低的地区。因为低温会延缓果实成熟，而分枝过多，受到温度的影响当然越严重。一般而言，以出产高档葡萄酒闻名的法国，当地果农平均只让每株葡萄树留下 5 条主枝，而美国、澳大利亚约留 10 枝。当然，果树的种植密度、枝条修剪的程度与采收的方式有关。如果是传统的人工采摘，那么葡萄树的种植间距就可以紧密些，枝条也可多留一部分；如果是用机械采摘，那么葡萄树的间距就要够大，以方便机械操作。

时至今日，很多葡萄园都利用机械采收，每棵葡萄树几乎都只留下 5 条主干，如此一来，提高了质量，也减少了人工采收的成本。但葡萄的收成变少，酿出来的酒也少，价格当然偏高。例如罗曼尼·康帝年产量才 7000 瓶，里鹏（Le Pin）6000 瓶，花堡 12000 瓶，加州膜拜酒鹰啸（Screaming Eagle）6000 瓶。属于甜白葡萄酒的伊贡·米勒精选葡萄酒及 Schloss Johannnisber、Eiswein，年产量都只有 300 瓶。康帝酒庄的蒙哈榭干白酒（不甜）年产量 3000 瓶，都是物以稀为贵，价格一直居高不下。

除了数量有限之外，法国五大酒庄均以"酿造恪遵传统"相标榜，过程繁杂费工，才成就了"天之美禄"之令名，可说当之无愧。因此不要妄想以低价买到五大酒庄的名酒，一分钱一分货，便宜的酒不可能有五大酒庄的水平，正如同想用国产车的价格买到奔驰车的性能，那是绝对不可能的。

最适合酿造的气候与雨量

葡萄酒已经有数千年的酿造历史，实践证明，最适合葡萄生长与制造的气候有四种，即大陆性、高山性、海洋性与地中海性气候。

四种气候以地中海型最优

大陆性气候的特征是四季分明，冬冷夏热，早晚温差大、降雨集中，年雨量较少，比较适宜酿制"年份酒"。

高山性气候是指海拔为 2000 米的温带地区，其气候特色是夏短冬寒，气候冷凉，日夜温差大、湿度高。因为海拔高，地面不易吸收热量，因此必须利用日照较多的斜坡栽种葡萄，其缺点是葡萄的产量不够多。

海洋性气候的特点是容易受到温暖海洋吹来的西风影响，年温差小，湿度高，冬暖夏凉，一到葡萄收获期较容易下雨。

地中海性气候的特色是比较干燥，温暖，夏季日照多且稳定，春、冬两季的降雨量稍多，而在葡萄生长期间的雨量较少，所以病虫害也少，最适宜栽种葡萄。属于这种气候的区域除了地中海沿岸之外，还包括美国加州、澳大利亚西南部、南非西南及智利中部地区，可以说大多数世界的知名酒庄都位于这个气候区内。

雨量不足也不可浇水

就雨量而言，以每年天然降雨 500~800 毫米最适合葡萄生长，而且最好集中在冬、春两季，因为此时葡萄刚好萌芽并开始茁壮成长，适当的雨量有助于促进其成长。到了夏、秋两季，果实已经发育完全，准备采收了，此时若降雨太多葡萄就容易发霉，味道也会变淡，酿成的葡萄酒滋味就不够醇厚，会影响质量与口感。因此法国当局特别订立了《葡萄质量控制法》，严格规定即使降雨不足，甚至缺水，葡萄园也不能任意灌溉。其用意无非是在确保葡萄与葡萄酒的质量，而不是产量。其规定比同样生产酿酒葡萄的西班牙、葡

萄牙、意大利及新世界严格得多，这些产区可以允许果农在特别炎热、干旱的季节施行"滴水灌溉法"，以促进葡萄的生长与成熟。

乍看之下，法国的作风似乎有些食古不化，但也因此凸显其对葡萄酒生产过程与质量管理的严谨程度。因为雨水太多会降低葡萄汁的浓度，且不利于久藏，该年份的葡萄酒顶多只能保存5年，若没有在期限内喝掉就容易变质。

土壤成就葡萄酒的特色

　　法国波尔多葡萄酒之所以评价高、受人喜爱，质量无可取代，原因之一是该地区的土壤中蕴藏了葡萄生长所需要的各种水分和养分。可以说，土壤条件决定葡萄的质量，每瓶顶级葡萄酒都蕴涵着其原产地的灵魂。

　　一般而言，特别适合葡萄生长的土壤不外乎砂砾石、黏土质、石灰质与火山灰四种。砂砾石土壤以生产"赤霞珠"为代表，黏土质土壤以生产"梅洛"而闻名，石灰质土壤适合种植"霞多丽"，火山灰土壤则比较适合种植一般葡萄。砂砾石、石灰质土壤生产的葡萄，酿造出来的葡萄酒带有一点点矿物味。

　　这四种土壤的特点是贫瘠、不肥沃，与一般人的认知正好相反。这是因为土壤不肥沃，雨水也不充足时，葡萄树的产量虽然降低，却会努力吸取土壤中的养分，从而提高酿酒葡萄的质量，使酿出来的酒具有独特的风味。例如波尔多葡萄酒以吉伦特河分为左岸与右岸，两岸最大的不同就在于土质。左岸包括梅多克与格拉芙，都是砂砾石土壤，能吸收太阳光，蓄积能量，因此以种植晚熟型赤霞珠品种为主；所酿出的酒呈深宝石红色泽，口味浓醇，骨架扎实，属长熟型。而右岸包括圣埃美隆和波默多，都是石灰岩地混合黏土质土壤，适合栽种生长得比较快的梅洛或品丽珠，所酿出来的酒含有的单宁和酸味较少，香气丰富，口感柔和。而勃艮第的葡萄园均由石灰岩、黏土与硅酸土三种不同成分的土壤所构成，每层厚约1米，石灰岩土壤造就了葡萄的香气，黏土质使其香气更浓郁，而硅酸土又可使其口感清淡。总之，不同成分土壤的庄园，酿造出了不同风味的葡萄酒。

气候、纬度与日照：决定口感浓淡与糖度

酿酒用葡萄适合生长于年降雨量为 500~800 毫米，平均气温在 10~20℃，以及年日照时间为 125~1500 小时的地区，称为"葡萄酒带（wine belt）"，亦即北半球北纬 30°～50° 一带，包括美国南加州、华盛顿东北，法国，意大利，德国，西班牙，北非北部，中国青岛附近以及日本部分地区。南半球主要在南纬 20°～40° 一带，包括阿根廷、智利、澳大利亚北部和新西兰。

气候

酿酒用的葡萄的质量与气候、纬度关系密切。气温太低的话，葡萄的生长、成熟过程都会变慢，酿出的酒容易偏酸；若气温太高，则葡萄成熟得太快，酒就不够醇厚。所以栽植葡萄时要特别注意品种对气候的偏好，例如雷司令偏爱凉爽气候，适合栽种白葡萄，酿出来的白酒具有清凉口感；而西拉喜欢地中海的温暖气候，适合栽种红葡萄，酿出来的红酒让人喝了之后热情如火。

正因为葡萄质量与气候的关系特别密切，所以从开花到收成时节都要非常注意天气与温度的变化。例如法国栽种的葡萄大多在每年的四月萌芽，五、六月间开花，此时如果碰到暴雨、强霜、冰雹，都可能打落花朵、枝芽或破坏花瓣，大大影响收成与质量。甚至夜间温度突然降得太低，也会影响葡萄结果，使年收成不如预期。因此每年此时果农与酿酒师都要彻夜守候在葡萄园，监测天气变化，一旦温度骤降，就立即点燃火盆，预防霜害侵袭。

即使如此小心翼翼，有时还是难免遭遇不测。例如，1991年4月，波尔多地区就忽然天降强霜，冻坏了将近50%的葡萄花芽，损失惨重。有一年，柏图斯所属的葡萄园为了预防霜害，甚至雇直升机在庄园上空不停盘旋，以免霜降到葡萄园上损害花苞。

不但开花、结果时要特别注意气候与温度变化，而且即使在收获与运送时也一样要非常小心，因为天气太热或温度太高都可能催熟葡萄，影响酸味；在运送过程中，如果温度过高，则果实容易发酵，也会影响酒的质量。所以酿酒用的葡萄一般都在秋季的晚上采摘，之后即尽快运送到葡萄酒厂，以预防变质。可见，葡萄有多么娇贵。

纬度

纬度也与栽种的葡萄品种、酒的口味有关。纬度高，生产的葡萄糖分低、酸度高，酿出的酒比较清爽，酒精浓度也比较低；纬度低，葡萄糖分高、酸度低，酿出的酒比较浓郁，酒精浓度也比较高。

纬度高的地区天气较冷，葡萄无法完全成熟，所以通常栽种无须太多日照的白葡萄，例如法国北部。德国位于北纬51°，是世界上种植酿酒葡萄纬度最高的国家，年平均日照较少，所以只能种植白葡萄，酿造白酒，而且酒的酸度比较高。纬度低的地区日照较充足，温度也高，葡萄成熟得比较快，所以适合栽种红葡萄。但若温度太高，则酿出来的酒会比较清淡而单调。

一般来说，成熟期的红葡萄比白葡萄需要更高的气温与更长时间的光照，因此红葡萄多种植在纬度较低、气候温暖的南方，如法国南部、西班牙、葡萄牙与意大利。红葡萄的采收时间也较白葡萄晚，通常北半球多在夏末秋初的 9 月中下旬，南半球则在 3 月左右收成。白葡萄的采摘时间比红葡萄略早些。

日照

葡萄要有充足的阳光照射，进行光合作用之后才能产生糖分。若日照不足，酿出的酒会偏酸，酒精含量则偏低，比较难以入口。由于日照时间会影响葡萄的质量，

因此大多数知名酒庄的葡萄树都种在南面的斜坡上，目的是让树叶和果实都能平均而充分地得到日照，达到理想的成熟度，以增加糖度，降低酸味。

糖度就是甜度的单位，糖分每增加 1%，糖度便增加 1 度。凡是去过葡萄园的人都知道，6 月采收的葡萄果实又小又酸，糖度几乎是 0；而到 9 月或 10 月成熟期时，糖度甚至可以到达 22，此时酿酒最佳。

值得注意的是，此处所说的葡萄是指酿酒用的，与我们日常吃的葡萄不同。作为水果食用的葡萄颗粒大、皮薄、肉厚、较甜，少有酸涩（如巨峰葡萄）。这种葡萄如用来酿酒，口味会显得清淡、单薄，只能视为水果酒，自家人喝着过瘾。真正酿酒用的葡萄则颗粒小、皮厚、汁浓，略酸涩，难剥皮，并不适合当水果吃。但其果汁与果皮经过适度发酵、酿造之后，香气变得浓烈，口味变得醇厚，品尝后让人回味无穷，搭配美食享用则更增其风味，这就是葡萄酒的迷人之处。

酿造技巧最关键

步骤一：葡萄酒酿造前要先挑选葡萄的品种，不同品种的葡萄所酿成的葡萄酒，其风味自然也不一样。在酿造过程中，每一个步骤都要小心翼翼，丝毫不能大意，这样才不会功亏一篑。

葡萄采摘下来以后，最重要的是小心轻放、避免重压，否则果皮破裂，就会大大影响质量，特别是香味。这一点对酿造白葡萄酒尤为重要。

步骤二：酿酒之前，首先要去掉葡萄梗与蒂头，以减少苦涩味。接着将果皮轻搓压碎，使葡萄皮能充分浸于葡萄汁中，方便释放出葡萄皮中的单宁、色素及香味物质；但注意不可压碎葡萄籽，以免增加苦涩味，影响口感，因此传统方法都是使用气囊式压榨机榨汁以达到这个目标。

步骤三：接着是发酵。所谓发酵，就是利用酵母菌，把葡萄中的糖分转化为酒精和二氧化碳。即将葡萄汁、葡萄籽及果皮混匀，再加入已在实验室完成分离的酵母菌（不用天然酵母菌），一起放入木桶或不锈钢槽进行发酵。如果酿造的是白葡萄酒，则只用果肉，需再挑出果皮与葡萄籽，由于所含的单宁较少，所以白葡萄酒呈黄白色。

步骤四：把发酵后的白葡萄酒抽到干净的不锈钢槽，红葡萄酒则抽入橡木桶中静置，等酒从"酒糟"中分离出来。酒糟其实是一大堆死酵母菌细胞的沉淀物，在红酒中还包括果皮和种子。

如果红酒发酵完成后立即装瓶、饮用，那属于初级酒，无法品尝到红酒的真正美味。好的红酒一定要在发酵完成之后，贮藏于橡木桶中一段时间，吸收橡木桶特殊的香味，以增加其风味与口感。贮藏在桶中还能接触到一部分氧气，使藏酒更圆润和谐；而更换橡木桶还能去除沉淀物质，使质量更优良。

　　一般葡萄酒的成熟期约两年，此时即可装瓶、贴上标签（酒标）。有些酿酒师会在装瓶之前将两种以上不同品种的葡萄酒加以混合调配，调配出与品牌口味一致的酒，更可以通过改变调制技术创造出新口味的葡萄酒，顶级的酿酒师甚至可以预

见其所调制的葡萄酒经过十年、二十年乃至数十年之后的香气及口感。波尔多酒大多是两三种葡萄品种混酿而成的。

　　红酒从开始发酵到装瓶，每个阶段都会持续成熟，就像有生命一样。理论上，装瓶后的葡萄酒中已经没有酵母，无法像还在酒槽中那样成熟，但葡萄酒会凭借瓶内残留的少量空气，进行微氧化作用，其所产生的极少量水分则透过软木塞蒸发掉，使瓶中的酒稍微浓缩，产生更醇厚芬芳的气味。有些酿酒师则在装瓶前加入二氧化硫，以预防残留酵母菌或细菌生长，避免影响陈酒的风味。

发酵时间与酒精浓度、甜度有关

　　在发酵过程中，红酒的温度必须控制在 25~30℃，白酒的温度较低，控制在 10~17℃，才能使葡萄中的糖分转化为酒精，整个过程需 5~15 天。这个阶段是决定葡萄酒气味的关键，非常重要。

　　白葡萄酒要采取低温发酵，时间较久，但能产生新鲜水果的香味；高温发酵可以缩短制程，其所产出的则是颜色较深、单

宁含量丰富的红葡萄酒。发酵时间的长短也与酒精浓度有关，而酒精浓度则与酒的甜度有关。总的来说，完全发酵成熟的葡萄酒不那么甜，未完全发酵者则带有甜味。因此酿酒师一旦发现酒精浓度超过15%，就会在发酵槽中加入适量的二氧化硫以停止发酵，借此控制酒精浓度及甜度。

高酒精浓度的雪莉酒等

如果想要酿造含有更高酒精浓度的葡萄酒，如雪莉酒、波特酒、马尔萨拉及佐餐甜酒，那么除了延长发酵时间之外，还要在发酵过程中加入白兰地酒，使酒精含量达到14%~23%。

香槟类气泡酒

如果制造的是香槟类的气泡葡萄酒，那就在发酵过程中保持密闭空间，使二氧化碳溶解在酒中，不使之溢出即可。因为二氧化碳为发酵过程的副产物，通常都会直接释出、散到空气中，只有让它溶入酒中，之后打开饮用时二氧化碳才会溢出，形成气泡，就是常见的气泡酒。香槟也是气泡酒的一种，其酒精含量通常比较低。

玫瑰红酒

要是红葡萄酒发酵到一半时，就先取出果皮和种子，使颜色变淡，就是所谓的"玫瑰红酒"，这类酒的色泽及味道取决于果皮、种子取出的时间，当然，也与葡萄的品种有关。

玫瑰红酒很合适烧烤时饮用，最合适的饮用温度为9~11℃。

葡萄酒 DIY

如果不在乎发酵过程与调配技术繁复的高档葡萄酒风味，只是想在葡萄盛产期时自己酿点葡萄酒饮用，那该怎么做呢？以下提供两个简易方法供参考。

方法一

以 500 克葡萄、500 克糖的比例，将葡萄连皮洗净，充分晾干。待表面的水分完全干燥后，再一层层放进广口的玻璃瓶中。

注意：玻璃瓶最好先用水煮过消毒，充分干燥后再使用。先铺一层葡萄，撒一层砂糖，一层一层往上堆，直到葡萄与砂糖用完为止。但通常只装至瓶子的八分满即可，以预留发酵空间。

全部装完后即将瓶子密封起来。建议使用软木塞盖，如用坚实的盖子，恐怕发酵过度时会爆瓶。大约等待三个月，葡萄与糖充分发酵、变成酒后就可以喝了。

方法二

取葡萄 500 克、冰糖 150 克，以及酒精浓度 35% 以上的烈酒（如高粱酒）约 900 毫升。先洗净葡萄，再连皮晾干。将所有材料放入消毒后、干燥的密封罐内，放在阴凉处，约三个月后取出果实，保留汁液，再经过六个月以后饮用，风味最佳。

橡木桶也要讲究

　　葡萄酒发酵结束后，有些可以立刻装瓶，有些则必须倒入不锈钢槽或新旧不一的橡木桶中，醇化一段时间（一般为 2 个月～3 年不等）以增添风味，赋予酒更多内涵及多样口味。此外，还可使其质量更成熟、更稳定。一般而言，在橡木桶里醇化较久的葡萄酒适合长期存放，而未经桶藏或桶藏时间较短者，则不耐久藏，最好及早饮用（如薄酒莱）。

　　葡萄酒的最迷人之处当然是其拥有风情万种的香气，这些酒香大都来自葡萄本身，少量来自陈酿葡萄酒的橡木桶。橡木所含的芳香物质会在长期的醇化过程中缓缓融入酒内，使葡萄酒蕴涵微妙的焙烤香气，包括香草、奶油、咖啡、焦糖、雪茄、烟熏和木料的香气，不一而足。大约陈酿一年后，橡木桶的味道就会和酒体融合，不再显得突兀；酒中的单宁也会和酒的成分结合，使酒液变得更澄清。一般认为，将橡木桶的香气运用得最出神入化的，非法国的波尔多酒莫属。

怎样选择橡木桶

为了让葡萄酒更美味，制作橡木桶的材质也必须讲究。橡木桶的材料来自橡木树，其树龄越大越好，如能超过两百岁则更佳。橡木砍伐下来之后，并不能立刻劈开、削成片状做木桶。通常必须经过三年的风吹日晒，去尽其苦涩味之后，才能取木心部分制成两个容量 300 升的橡木桶。

传统手工制桶师傅为了让原本笔直的橡木片弯曲，方便拼组成桶状，必须先用橡木屑烧火，烤热橡木片。火烤虽然能让橡木片变得有弹性，但也会使橡木产生化学变化，产生焦香与烟熏味，这就是以后能促使葡萄酒具有特殊风味的关键。当然，还能改变酒中的单宁，使其变得柔顺。

橡木桶拼装完成后，要以水芦苇密封木片之间的接缝，再用淀粉糊浆黏封桶盖，不能使用铁钉或化学黏胶，以免影响酒质。新制的橡木桶会带给葡萄酒橡木味，有些技巧高超的酿酒师不但指定橡木的来源（如 Troncais、Allier、Nevers 等产区），还严密控制橡木桶的烘烤程度，以期装了葡萄酒之后，气味会变得更富有层次，同时增添酒的风味、寿命与浓度。如此说来，把劣质葡萄酒装到高级橡木桶中，不就可以

增加香气、掩盖酒的质量了吗？其实不然，橡木桶只能强化葡萄酒的质量，无法将劣酒变成佳酿，其差别只要入口便知，无法造假。

一般而言，上好的酒要用全新的橡木桶陈酿，因为木桶越新，越能增加酒的风味与单宁含量。例如，罗曼尼·康帝一定

要用全新的橡木桶，而且都在买了橡木、风干3年后才制桶。此外，年份越好的酒存放在橡木桶中的时间应越长。如，柏图

斯每3个月就移置到不同材质的木桶，在20~22个月的醇化期中，轮流让新酒汲取各种木材的香味，这种独门的换桶功使柏图斯红酒的香味异常复杂。

通常，橡木桶越新，其所能释放的物质就越多，以后即随时间递减。例如，第一年能释放出三分之二的香气，第二年只剩四分之一，到第三年就几乎没有味道了。如果橡木桶陈酿的时间过长，则反而会为酒带来不好的气味，比如木味过重，酒质就显得粗糙了。而白葡萄酒如果在新桶中时间过长，那么不仅木味过重，而且会有苦涩味。年份较差的酒都不会用新木桶发酵，而是先在旧木桶醇化，待成熟后再移入新桶，以使其风味复杂化。如果一开始就用新桶，酒的本来风味很可能被橡木桶的浓郁气味就掩盖掉。此外，以果香味见长的新派葡萄酒，其醇化时间也不能太长，否则，果香容易流失，使酒变得呆板无味。至于质量不佳的葡萄酒也不宜放在橡木桶中陈酿，否则，反而可能改变红葡萄酒的色泽，增加苦涩感。即使质量中上的葡萄酒，陈酿时间也不要超过两年。

橡木酒桶的大小一般分成三种：容量225升者称为小桶（barrique），300升者称为中桶（hogshead），容量450升才称为大桶（puncheon）。传统的波尔多酒都用小桶酿造，因为这个尺寸的桶才能增加酒与橡木的接触面积，容量太大则无法让酒充分吸收橡木精华。

有些酒庄也讲究橡木桶的来源，例如欧洲的酒庄都选欧陆橡木制桶，新大陆酒庄则选美国或加拿大白色橡木。欧陆棕色橡木纹路紧实，透气量低，单宁细致、内敛，利于较长的木桶醇化期。而美国田纳西州与弗吉尼亚州所产的橡木，纤维组织较不密实，单宁含量高、出味快，所酿出的酒虽香气浓烈奔放，但含蓄感不足，因此不宜在橡木桶内贮藏过久。美国顶级葡萄酒多数学习柏图斯的"换桶"秘诀，但后半段成熟期都一定使用法国进口的橡木桶，且木桶有一半以上是全新的。

橡木桶会掩盖白酒的香气

橡木桶的价钱并不便宜，若每年采用整批全新酒桶，则非一般酒庄所能负担，因此大多数酒庄均保留部分旧酒桶以降低成本，也有买别家用过的二手货替代。目前一个225升的法国橡木桶约650欧元，比美国橡木桶贵200~300美元。橡木桶约占每瓶酒1.5欧元的成本。现如今有些酒庄在不锈钢槽内，将橡木片或屑置入发酵前的酒，以节约橡木桶的成本和藏酒空间，但此法酿出的酒多年后会出现苦味，因此只能用于酿制一般的日常餐桌酒。

一般葡萄酒装瓶前存放在橡木桶6~12个月，高级葡萄酒18~24个月，也有存放3年之久的，但在桶中每年会蒸发7%的藏酒，存放太久会影响经济收益。每年11月推出的薄酒莱新酒则省去存放，直接装瓶。

白葡萄酒一般都在不锈钢槽内醇化，因为橡木桶会降低酒的酸度，掩盖白葡萄酒中原有的果香。只有少数厚重的酒体，如霞多丽的白葡萄酒或香槟，才经得起在橡木桶内陈酿多年，增加结构感，并增添葡萄酒的香气，如香草味、甘草味、肉桂味等。

第四章　包装器具也是一门学问

——从外观认识葡萄酒

　　每一瓶葡萄酒都是酿酒师与酒庄的心血结晶，也是其毕生功力的展现，从开始酿造到装瓶完成，就好像一个新生儿经过多年的细心照顾，终于长大成人，可以出去见世面了。但其"任务"到这个阶段还没有完成，因为葡萄酒的特殊之处，在于即使已经装瓶，瓶中的酒依旧会继续成熟，所以用什么样的酒瓶与软木塞也特别讲究。酒的产地、酒精浓度、容量与年份等还必须登载于"酒标"上面，所以说"酒标"就好像酒的身份证一样，不能疏忽。

　　其次，葡萄酒好不好喝还与"会不会喝"有关，虽然"会不会喝"的定义因人而异，但与所用的"酒杯"合不合适可能关系重大。就像喝茶必须讲究闻香与品尝一样，酒杯的大小、形状也要特别注意。也就是说，葡萄酒的美味由"包装器具"把守最后一关，除了酒瓶之外，负责密封的软木塞、品酒所用的酒杯等，都扮演着举足轻重的角色。

酒瓶：每种造型都有特殊用意

装葡萄酒的酒瓶可以大致分为六款，那就是：Bottle（标准瓶，一瓶 0.75 升），约可倒出 6 杯；Half bottle（半瓶装，约 0.375 升）；两瓶装的 Magnum 约有 1.5 升；四瓶装的 Double magnum 约 3 升；六瓶装的 Jeroboam 有 5 升；较大的八瓶装的 Imperial 可装 6 升。当今最大的酒瓶则系 1995 年至 1996 年间由 Domaine Ramnnet Montrachet 所出产，容量有 15 升，大约可装 20 瓶。

瓶底凸起不是偷工减料

由于葡萄酒装瓶后仍会继续成熟，而且会随着时间流逝而产生一些沉淀物，因此装葡萄酒的酒瓶大多在瓶底留有一圈凹槽，尤其是高级葡萄酒的瓶底凹槽通常很深。以至于有人误会酒庄偷工减料，在瓶底中央凸起一大块，少装了约一杯酒的量。

瓶底凸起是为了沉积酒中的沉淀物

波尔多酒瓶和勃艮地酒瓶

法国波尔多酒瓶呈修长状，有颈肩，绿色；勃艮第酒瓶的下半部肥胖、无肩、褐色，一看便知产地。瓶身的颈肩设计成斜角，就能避免沉淀物积聚。勃艮第酒的沉淀物比较少，所以不需要有颈肩。因酒精会蒸发，波尔多酒出厂正常水位在颈上，年份酒在颈底，酒龄 10 年以上在顶肩，20

勃艮第酒瓶   波尔多酒瓶

年以上在上肩，上肩以下可能木塞老化，质量会有问题。

勃艮第酒出厂正常酒量为瓶子直立时，酒距离瓶塞底部 2 厘米；酒龄 20 年者约在瓶塞下方 3.5 厘米，20 年以上者 4~5 厘米，40 年以上则为 5~7 厘米。

冰酒推出牙签瓶

近来甚受年轻女性喜爱的冰酒，其酒瓶通常都比葡萄酒酒瓶小，例如加拿大冰酒每瓶都只能装 200 毫升。这几年有些酒厂推陈出新，为了吸引年轻女性注意，还设计推出"牙签瓶"，一瓶只能装 50 毫升，只适合淑女慢慢啜饮。

时尚新宠宝特瓶

近几年来人们的环保意识增加，澳大利亚推出用宝特瓶装（PET）的葡萄酒取代传统的玻璃瓶，其优点是轻便、耐摔且携带方便。估计一个 750 毫升的 PET 宝特瓶重约 54 克，只有传统玻璃瓶重量的 15%，即使装满酒，重量也只有传统酒瓶的 36%；何况其长度比玻璃瓶短 33%，运送方便，还可减少 30% 的二氧化碳排放量，避免升高温室效应，且不影响酒的口感与风味。

宝特瓶装葡萄酒的缺点是保质期短，只有一年，但多数人（约 90%）买了葡萄酒后都在一年内喝掉，因此影响不大；除非是高级名酒，例如需要 5~10 年陈酿的酒，才需要用玻璃瓶装。

酒标：葡萄酒的"身份证"

　　葡萄酒的包装上写满了密密麻麻的文字，大多也不是英文，因此常常端详了半天却发现"没看懂"。一瓶葡萄酒的好坏，往往从酒瓶上的标签就可一目了然（起码法国生产的葡萄酒如此）。葡萄酒的标签简称为"酒标"，法文为etiquette，意思是"许可证"，也就是酒的"身份证"。

葡萄酒等级一望即知

　　一般从酒标可以了解这瓶（批）酒的重要信息，包括：

　　出产国：若为法国酒标，就等于保证其产地一定在法国。

　　葡萄收成年份：可轻易查出是否是好年份。

　　葡萄酒名：以产地或庄园（Chateau）命名，所以从酒名就可知道是否由信誉良好的酒庄酿造。例如酒瓶上的贴纸标示为 APPELLATION ROMANEE CONTI CONTROLEE，即表示此为 A.O.C. 的法定产区酒（如果酒标里有 A.O.C.，就是指优良法定产酒区）。在 APPELLATION 与 CONTROLEE 之间的 ROMANEE CONTI，指的是产酒地。

　　产地或庄园地名：明确标示产地在法国波尔多、勃艮第或其他产区。

　　容量与酒精浓度：多数人在开瓶或饮用之前都会看一下，一般瓶装葡萄酒的容量大多为 750 毫升，酒精浓度在 11%~15% 之间，很少有 15% 以上的葡萄酒。

　　有些酒标不但标示产地，还秀出酒庄

级　数

产　区

波默多产区

位于吉伦特省

出产国：法国

酒精成分

酒名

酒庄名

A.O.C

葡萄采收年份

容　量

酒庄原装酒　自产葡萄酿酒的葡萄农

或葡萄园的等级，甚至明确告知是在产地装瓶或由外地代工。勃艮第 DRC 的酒标上还有酿酒师的签名，表示对酒的质量负完全责任。若酒标下方出现 Mis En Bouteille Au Domaine，或 Mis En Bouteille Au Chateau 字样，则表示这批酒在原产的酒庄内装瓶；Mis En Bouteille A La Propriete Par 则表示由外地代工。

如果酒标出现 Grand Crus Classes，表示那是波尔多酒庄生产的级数酒，最高级的是 I st Grand Cru Classe，又称为 Premier Grand Cru Classe，特别是圣埃美隆产区的酒。若勃艮第生产的酒标上出现 1er Cru 字样，代表来自一级葡萄园。

但并非凡是标示 Crus 的都是级数酒，若美铎酒写上 Crus Bourgeois，表示那是一般餐桌酒，不是高级酒。此外，如果酒标只显示广大地区（如波尔多），而未点出酒庄或地区名（如拉图堡却写作Pauillac），那么通常都属于等级较低的酒，当然也有例外。如果酒标上大大标示有 Grand Vin，那只是"自称质量不错"，没有太大的参考价值。

名画家设计的酒标成收藏品

高级红酒的酒瓶都有人收集，特别是酒标，像木桐堡每年邀请世界知名艺术家设计酒标，以增加其收藏价值，如夏卡尔、毕加索、安迪渥荷等，他们设计一个酒标的"润笔金"，通常都是 60 瓶 10 年酒龄、立即可喝的木桐酒，及当年贴有自己画作酒标的酒 60 瓶。名酒加上名画加持，价值自然水涨船高，吸引全球酒客竞相收藏，即使喝完了，酒瓶（主要是酒标）也绝不轻易割爱。

为了避免名酒打开来喝时损及名家酒标，倒酒时还要特别留意，保持有酒标的一面朝上，滴下来的酒才不会把酒标"流花"。

有些人嫌酒瓶太占空间，只收集名酒酒标。但不管是将酒瓶放在温水中浸泡，或是用吹风机吹，均不一定能够成功。为了能完整地撕下酒标保存，收藏家还特别开发了撕酒标专用贴纸，可谓用心良苦，也可见艺术酒标与名酒相得益彰、互相拉抬身价的促销绝招。

木桐堡以名画为酒标，其本身也是一件藏品。

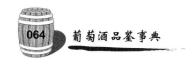

酒杯：品酒的主要工具

现在几乎大家都知道，在各种酒类中，喝葡萄酒的规矩最多，也最重视"品酒"。而品酒的主要工具就是葡萄酒酒杯，其造型、线条与持杯的角度，都会影响杯中葡萄酒的挥发方式，更会影响人们对酒的评价。好酒杯不但能为酒的质感、风味加分，将葡萄酒的特点发挥得淋漓尽致，还能增添喝酒的气氛与情趣。若论世界上的"葡萄酒杯达人"，恐怕非奥地利的"里德尔牌葡萄酒杯（Riedel Glass）"创始者的第九代传人瑟夫·里德尔（Josef Riedel，1925–2004 年）莫属。

里德尔牌葡萄酒杯创立于 1756 年，到 1957 年时已传到第九代，接手的约瑟夫·里德尔不甘于只跟着祖先的脚步前进却没有开创性。他花了 16 年的时间研究葡萄酒喝入嘴后，如何与舌头上的味蕾互动的物理学，结果发现"酒杯"的影响最大，尤其酒杯的体积、玻璃厚度、杯肚形状，以致杯口直径，都会强烈影响品酒的结果。因此他开始尝试制作各种不同形状的酒杯，进而体会到形状不同的葡萄酒杯确实会影响葡萄酒的均衡、深度、和谐与复杂性。适当的酒杯能将徐徐啜饮的葡萄酒导向舌头的特定感知区，加强或淡化甜味，减弱

西拉　波尔多　添普兰尼诺　勃艮第　仙粉黛

长相思　雷司令（甜）　霞多丽　蒙哈榭　雷司令（干）

香槟　年份香槟　苏特恩　桃红　年份波特

酸度，消除苦味。他试着用不同形状的酒杯搭配品尝不同产区、不同品种与不同年份的葡萄酒，根据翔实的记载，他终于成功设计出各种适合饮用红、白酒及香槟的酒杯。他甚至帮波尔多赤霞珠与勃艮第黑品诺设计了不同的酒杯，因而载誉国际。

在各式各样的葡萄酒杯中，最为行家称道的是里德尔牌的 Sommelier（侍酒师）手工特级酒杯系列，而德国 Spiegelau 的整套酒杯也颇负盛名。

顶级红酒宜用大胖杯

波尔多酒与勃艮第酒风味不同，喝酒的酒杯也各具特色。勃艮第红酒杯外形圆胖（一杯可容纳 560~820 毫升），而波尔多葡萄酒杯较瘦，呈郁金香型；两者的杯口都内收，其作用在于留住酒香。

勃艮第的红酒杯之所以设计成圆胖球型，其目的在于让酒杯有足够的空间摇晃，以散发黑品诺的浓郁香气；杯口够大，所以饮酒时鼻梁可以探入杯中，闻到淡淡的果香；还能促使单宁尽快挥发，减轻红酒的酸度，因此喝起来更为顺口。

一般而言，容量高达 820 毫升的大胖杯最适合用来啜饮酒龄较长、需要长时间醒酒的顶级红酒，如勃艮第、波尔多的红酒杯底部大都宽阔饱满，有利于接触较多空气，促进单宁挥发，以降低红酒的酸度。杯口稍微内收就能留住葡萄酒的清新香味。

波尔多酒杯比较瘦，呈郁金香形，这是因为波尔多红酒大都由赤霞珠葡萄酿造，富含单宁；而郁金香形酒杯的杯底比较宽大，有助于促进单宁挥发，西拉红酒也使用此种酒杯。

红酒杯的茎通常较细长，主要是在避免手部接触到杯身时会提高葡萄酒的温度，使口感变差。当喝名贵好酒时最好用广口玻璃杯，这样在慢慢旋转酒杯醒酒时杯中的酒才不致飞溅出来。

白葡萄酒杯底部较窄小

白葡萄酒要低温才好喝，因此杯底部相对比红酒酒杯略微窄小，以抑制酒温上升。标准的白葡萄酒杯通常比较适合饮用清淡、有果香但香气很容易飘散的白葡萄酒，如雷司令、灰品诺（Pinot Grigio）或长相思。

霞多丽、维奥涅尔所制成的白葡萄酒，因为气味复杂而浓郁，所以酒杯杯口比较大。

香槟杯则杯身细长，目的在于减少酒与空气的接触面积，延长气泡的停留时间，还能展示上升的气泡，并保持低温。

甜葡萄酒如波特、雪莉酒则用杯口往外翻的低脚杯，其用意在于将酒液导入舌尖，刺激舌尖上的味蕾，以分辨甜味。

通常，高级的红酒杯为薄身、无色、透明、高脚、球状，薄身便于透气，又不会过重；之所以要无色、透明，是为了适合观赏酒的颜色等变化。而高脚杯（杯茎瘦高）可以让饮者有足够的空间握着杯脚，不需和杯肚接触，以免手温提高了酒的温度，还可能留下难看的指纹。但喝白兰地与威士忌则刚好相反，需要手握杯身保温。

葡萄酒杯容量一般以280~560毫升（10~20盎司）为度，斟酒最多倒到杯肚最宽部位的下沿，让出大量空间，以利于摇晃醒酒。但也有的设计成大炮型、容量820毫升的大胖杯，却只倒少量的酒，目的是让酒有足够的呼吸空间。

如果不知如何选用酒杯，那就选择收口、容量适中的万用郁金香杯。一般家庭宴客准备白葡萄酒杯、波尔多红酒杯、勃艮第红酒杯及香槟杯四种酒杯已足矣。但使用前记得要擦亮抛光，酒才会更赏心悦目、更好喝。一般在高级法国餐厅如自备酒水，则每瓶收取78~125法郎的开瓶费，这是因为服务生要费心清洗、擦拭酒杯之故。否则，要是来客一餐开三种酒，一桌以10人计，即需准备30个亮净的各式酒杯；餐后光是清洗、擦亮、抛光即要花费1小时人工，何况酒杯壁薄、入口窄，不易清洗，也极易在清洗过程中打破。饮料收入是西餐厅利润的最主要来源，如赚不到酒钱又不收开瓶费，餐厅的生计就难以维持了，故而收开瓶费并不为过。

软木塞

　　除了酿造时的橡木桶之外，装瓶后用来密封的软木塞（Cork）对葡萄酒的质量也有影响，必须讲究，如何选用更是一门学问。

　　软木塞是法国本笃会修士培里侬（Dom Perignon）在17世纪末发明的，最早是用来封装葡萄气泡酒的。因为软木具有高度的弹性与回复力，一旦将其压缩、塞进瓶内，就会回复原状而与瓶身紧密结合，即使有气泡的酒也不会渗漏或弹出，效果良好，以致一用三百多年，直到最近几年受环保与科技发展的影响，才开始采用不易腐坏又容易开瓶的材质与设计。

30年的橡树才能取树皮制软木塞

　　软木塞取自软木橡树"栓皮栎"（Quercus suber）的外层树皮，再加工而成。软木塞虽小，其制作却是一项需要时间与技术累积的大工程。

　　首先是挑选树种。一棵栓皮栎树从栽种到可以第一次取皮，至少要30年；第一次"收割"后，至少要再隔十年才可以第二次割取。而真正优质的软木塞通常为第三次割取的树皮，也就是树龄已有50年者。

按一株软木橡树平均寿命为150~200岁计算，终其一生只能"剥皮"十余次。

　　剥取栓皮栎树皮完全要用人工，以特殊设计的斧头小心翼翼地削开树皮层，避免伤害到树的里层，否则树一旦枯掉，数十年辛苦栽培的心血就白费了。

　　过去科技不发达的年代，软木瓶塞可以说是最好的天然封瓶器，而且一用将近400年。由于多数高级葡萄酒都必须长期贮藏，而酒会不会变质、能否保持在最佳状态，甚至越陈越香，其关键都在软木塞。因此越是顶级的葡萄酒，其所用的软木瓶塞越讲究，丝毫不敢大意，以免因小失大。通常高级酒因要长期贮藏，制造者一律使用最贵、质量最好的软木塞，其长度为5~6厘米（一般酒的软木塞约长3.5厘米）。这种长度的软木塞可以压缩部分瓶中的空气量，降低酒的氧化速度；在葡萄酒的储藏过程中，还可让微量的氧气通过，有利于瓶内葡萄酒成熟，可以说软木塞的长度与葡萄酒的价值成正比。

以前葡萄酒瓶口的软木塞大多来自葡萄牙，贵的一个要1~2欧元。

但软木瓶塞虽好，却很难避免储藏时间太久以后出现的衰败、腐烂等问题；据估计，其出现率大约为10%；有些软化、破碎的木质还会掉进葡萄酒中，造成困扰。因此近年来已有部分酒厂（约占20%）以高科技塑料软木塞 As-Elite 替代，这种塑料软木塞由三种不同的合成塑料材质组成，内核坚硬，外层松软，与葡萄酒接触的透明薄膜，其材质与人工心脏相同，不仅开

瓶时不会断裂、粉碎，还可以在表面印刷，十分方便，且号称百年不坏，但是否真的如此神奇还有待时间来证明。

螺旋式瓶盖仍无法取代软木塞

不仅传统软木塞面临塑料制品的挑战，目前有些新世界所制成的酒干脆不用软木塞，而以新研发的旋转瓶盖（Screw Cap）取代。其外层为铝制，衬里则为多层聚乙烯或锡箔。这种螺旋塞的质量与质感虽然还无法完全取代传统软木塞，但经过不断地研究、改进，利用一些特殊构造，使其具备一定的透气性，能够接受的人越来越多。尤其现在人们注重环保，很多国家（如新西兰）已明令其辖区内的所有葡萄酒制造商，必须采用旋转瓶盖，即使是获得国际大奖的高级酒款也必须如此。

螺旋式瓶盖的优点是具有极强的密封性，能有效阻止空气进入酒瓶，还能避免果香外泄。但极高的密封性相对不利于瓶中葡萄酒成熟，酒瓶中缺乏可以中和硫化物的空气，开瓶后往往会出现令人不快的臭鸡蛋味。因此一般螺旋式瓶塞可用于多

螺旋式瓶盖不能完全代替传统的软木塞

数白葡萄酒、桃红葡萄酒，以及不需要长期贮藏、宜趁早饮用的红葡萄酒。但对于需要长时间储藏的红葡萄酒来说，恐怕具有微小透气性的传统软木塞仍然不可或缺，这是现今多数法国高级葡萄酒仍采用天然软木瓶塞的原因。

开瓶后的软木塞不是用来闻的

瓶塞污染是葡萄酒变质的主要原因，最常见的是软木塞受到霉菌感染，其概率为 1.5%~5%。因为制作软木塞时需以漂白水处理，过程中若受到霉菌污染，就会分解代谢物质中的 2-4-6 三氯苯甲醚(TCA)，使葡萄酒变质，从而产生臭袜子味或潮湿的报纸味。根据统计，软木塞的平均寿命约为 15 年，有些酒庄为了预防软木塞受到霉菌感染，干脆在出厂（离开酒庄）前换新的软木塞，不过效果有限，大多数酒庄仍坚持不换新瓶塞。

值得一提的是，米其林星级法国餐厅的侍酒师，往往会在开瓶之后，把葡萄酒软木塞放在一个小碟上，请客人查看是否有发霉、裂隙等保存不当的问题，如果不满意可以要求另换一瓶。有些人不明白，看到小碟上的软木塞，就煞有介事地拿起来闻一闻，以为是品酒的一环。殊不知，开瓶后的软木塞不是用来闻的，而是给人看的。软木塞完整而带有湿气，表示保存得很好，太干则表示储藏有问题。如果醒后的葡萄酒充满软木塞味，那就是劣质品，不喝也罢！

拉菲堡的瓶盖也有其箭簇标志

第五章　怎样品葡萄酒才不会被笑话是外行

　　喝葡萄酒是一种享受，品酒则是艺术。而要"品"出真滋味，就必须从了解葡萄酒的酿造过程、认识酒标开始，接着才是开酒、品味。当然"懂酒"比较容易，能真正"品酒"就不是一天两天可以学会的，必须经过一段时间的学习、体会与领悟才行。

　　选择喝什么葡萄酒之前，第一步就是了解葡萄酒的等级，其次是了解葡萄酒的年份。

了解葡萄酒的等级

在喝葡萄酒的场合，几乎每个人都会先看酒标上所标示的内容，了解今天所喝的是不是好酒，好到什么程度，接着才看酒精浓度与其他信息。当然，在餐厅的话，价格还是不免要在意的。

欧洲人喝葡萄酒的历史比我们久，喝酒的文化也与东方人完全不同。他们不仅在葡萄酒的生产、酿造方面有着严格的规范，还制定了多项标准，将葡萄酒分成多种不同等级。把"喝酒"一事推向"品味"的层次，变得优雅、高尚多了。如今，品酒已经变成一门学问，而且还是"显学"，每个人都想了解。

世界上酿造葡萄酒较有规模且确实予以分级的国家，比较具有代表性的有法国、意大利与德国，尤其法国为出产葡萄酒的龙头最受瞩目。美国虽然也生产葡萄酒，但未特别分级，故仅以以下三个主要国家为代表。

法国

法国葡萄酒的分级制度非常完善，包括法律规范及管制都相当周全，可以说目前全世界无出其右者。其葡萄酒等级从最高至普通依序分为四级：

A.O.C.：为"指定优良产酒区"的通称，对原产地、村（酒庄）及葡萄园等都有很详细的限定，因此也可以说是最高级葡萄酒的代名词。

V.D.Q.S.：指"优良地区葡萄酒"，仅次于 A.O.C.。约占法国葡萄酒产量的百分之一，大部分在法国国内销售，较少远

销其他国家。

Vin de Pays：为"限定葡萄产地"的地区葡萄酒，等级较 V.D.Q.S. 低，约占法国葡萄酒产量的 25%。

Vin de Table：为不受规定约束的"日常餐酒"，任何产区的葡萄都可以拿来混合酿造。其特色为混合酿造、低价销售。至于美味与否全凭酿酒师的巧手，无等级之分。

值得一提的是，2009 年后 A.O.C. 改为 A.O.P.（原产地保护），包括原有的 A.O.C. 与 V.D.Q.S.。Vin de Pays 也改为 I.G.P.（地理产地保护），只有 Vin de Table 不变。也就是说葡萄酒的等级由原本的四级精简为三级。

意大利

意大利葡萄酒也是由上而下分为四个等级：

Denominazione di Origine Controllata e Garantita：指"保证法定产区"，简称 D.O.C.G.，乃意大利所产最高级的酒，就如同法国的 A.O.C. 产区等级一样。

Denominazione di Origine Controllata：简称 D.O.C.，为"第二级酒"，也属于法定产区，只是低 D.O.C.G. 一级。

Indicazione Geografica Tipica：为"地区餐酒"，简称 I.G.T.，大致上等同于法国的 Vin de Pays 级。

Vino da Tavila：指"日常餐酒"，简称 V.D.T，犹如法国 Vin de Table 等级。

德国

德国的葡萄酒依据质量，由上而下亦分为下列四大类：

QmP：Qualitatswein mit Pradikat，优质高级葡萄酒。

QbA：Qualitatswein bestimmtev. Anbaugebiete，特区高级葡萄酒。

Landwein：地区酒。

Tafelwein：餐饮酒。

看酒标即知欧盟酒等级

葡萄酒的等级通常因年份、品种、产地、酿造方式而异，因此欧盟（EU）和法国政府规定，每瓶出厂、出售的葡萄酒，标签上都必须标示该瓶酒的酒名、产地、年份、质量等级、生产者、酒精浓度、容量等，就如同酒的身份证一样，让消费者一目了然。为了确保数据的正确性，还一一做了明文规定，所以法国、意大利、德国、西班牙、葡萄牙出产的葡萄酒，只要看酒标就差不多知道等级，只要看等级就知道酒的质量，差别只在其口味是否适合而已。

怎样品葡萄酒才不会被笑外行

什么年份的才是葡萄美酒

酒并非愈陈愈好

绝大多数的人都以为"酒越陈越香"，以为这就是"年份好"，其实这句话只对了一半。大多数的酿造酒，包括"年份好"的红葡萄酒，确实放得越久，越香越顺口，价值也跟着升高。但就葡萄酒而言，"年份好"是指当年的气候条件非常好，例如冬季漫长而寒冷，春季凉爽，夏季则比较炎热，而且葡萄的生长期没有碰到冰雹、虫害等，那么用这一年采摘下来的葡萄酿酒，其质量自然比较好。所以说"年份好"并不是年份越久的酒就越好。

以法国的波尔多酒为例，他们所谓的好年份，通常是指"赤霞珠"这个主流品种的葡萄，在当年的生长条件非常好，那么用那一年的葡萄榨汁，再混合葡萄皮、葡萄籽一起酿造、制造出来的酒。所以喜欢品葡萄酒的人，既要记住"好年份"，当然也要注意"不理想的年份"。例如 1960、1963、1965、1968、1969、1972、1974、1977 年等，这几年的酒"年份"就不好；即使珍藏多年、年代够久远，也不是好年份。又如对于法国著名的葡萄酒产区勃艮第而言，2003 年就不是好年份。

> "不理想年份"的红葡萄酒为：1960、1963、1965、1968、1969、1972、1974、1977、2003、2007 和 2011 年。

"年份"指生长年而非装瓶时间

一般而言，法国葡萄酒的好年份大概都属于长期成熟型，一级酒庄的佳酿甚至可以存放 50 年。

值得注意的是，葡萄酒标注的"年份"，

是指葡萄收成、榨汁、酿造的那一年（当年），而不是装瓶时间（一般都是一两年后才装瓶）。因此，准确地说，从酒的"年份"只能看出用哪一年的葡萄为原料制酒，至于酒的质量如何还是要看酿酒师的功力，以及那一年的葡萄质量好不好。

"年份酒"（Vintage）

有些法国葡萄酒会在酒瓶上标示Vintage字样，Vintage就是"年份酒"的意思。因为虽然是同一品牌，但不同年份酿造的葡萄酒，其香气、色泽、口感都会有差异。如果是同一年份，就表示是同一批酿造、装瓶完成，以此确保同年份的葡萄酒质量与口味基本上相同。

法国政府一向对葡萄酒的年份标示规定得相当严格，只有符合年份标示法规，才能在酒瓶标签上冠以Vintage字样；若有一点不符合法规规定，便不能以年份酒的名义出售。也就是说，若酒标上出现Vintage字样，则表示基本上这个年份的酒还不错。总之，"年份酒"是指酿制这瓶酒所用的葡萄来自特定的年份，或该年份所用的葡萄百分之百是该年份收成的。

> 超级好年份的红葡萄酒：1982、1986、1990、1996、2000、2005、2009、2010 年。
>
> 好年份的红葡萄酒为 1959、1979、1989、1999 年。

保留特定优良年份的目的，是让享用者届时记得这是好年份的酒，也可提高售价。年份酒通常被认为是具有特色、较优良的葡萄酒，因此有些酒庄干脆只在年份好的时候才制造年份酒，所以年份酒的售价却高于平均价格。例如，1982 年波尔多五大酒庄制造的年份酒，其价格就高于一般年份的数倍。

依照过去的经验，葡萄酒的"好年份"平均八年才出现一次，近几年来也许是因为科技进步、环境污染改善的关系，好年份的间距比较小，出现得比较密集。譬如近三十年来就出现了八个好年份：1982、1986、1990、1996、2000、2005、2009、2010 年，只有 2007 和 2011 年属于坏年份。

从 1949 年以后，除了 1969 年以外，其他但凡逢着"9"的都算是好年份，如 1959、1979、1989、1999、2009，其中 2009 年是继 1982 年后又一个超级好年份。

一般来说，葡萄酒最多存放 5 年就要喝掉，否则可能变质。但好年份的酒，放 10 年也算年轻，至少要存放 20 年才达到巅峰，有些甚至可以贮藏 50 年以上。

白葡萄酒的好年份与红酒略有不同

必须留意的是，白葡萄酒的好年份与红酒略有不同，有时红酒的坏年份反而是白酒的好年份，而且年份的好坏也跟葡萄的产地有关。为了让读者一目了然，以下再依产地别标出红、白葡萄酒的好年份和较差年份（见右表）。

以上所谓"年份"的好坏是就"某一年采摘下来酿酒"的葡萄品种而言，不能完全代表葡萄酒的质量。因为即使是好年份，如果酿造过程有所失误，也还是无法制造出美酒；反之，年份不佳，但功力深厚的酿酒师仍可以借以与好年份葡萄酒相互勾兑，而酿出品质差强人意的酒。如果

要纯然就"年份酒"做选择的考虑，那么只要看酒标上印有 Vintage 的即可。

勃艮第	
白酒好年份	1978、1986、1989、1990、1996、2002、2005
红酒好年份	1969、1985、1988、1990、1996、1999、2002、2005、2009

波尔多	
红酒好年份	1961、1966、1970、1975、1978、1982、1985、1989、1990、1995、1996、2000、2005、2009、2010
较差年份	1960、1963、1965、1968、1969、1972、1974、1977、1980、1987、1991、1997、2007

生日或婚宴时开名酒试真情

欧美富豪时兴在子女刚出生时，大批购买与其出生同年份的波尔多顶级葡萄酒，贮藏二三十年，到儿女结婚时再拿出来大肆庆祝一番。如果子女出生那一年正好是波尔多等名酒的好年份，那么好酒存放三十年后开封畅饮，真是酒美人爽又饶富纪念价值，不管是对父母还是对子女，都是一桩幸福美事，所以有人形容为"双喜临门（double congratulation）"：上天既恩赐儿女，也赐给波尔多一个好年份，还让父母与子女一同欢庆，应该说是 double double 才对；即便是宾客，相信也会终生难忘。

有些生性浪漫的男士，喜欢在妻子或女友生日那天，开一瓶与出生时同样年份的名酒来庆祝。此时，幸运者正好碰到好年份（如 1961、1966、1970、1975、1978、1982、1986、1990、1995、1996 年），就可以开怀畅饮、赢得美人心；虽然所费不菲，但只要看到心上人那种感动的表情，钱包失血也值得。

怕的是"生得不是时候"，出生年正逢葡萄的"灾年"（如 1960、1963、1965、1968、1969），正如同孩子出生时买了一批同年份的酒，之后才发现年份不好、无法久藏（存放超过 5 年就会变得难喝），心情反而变得郁闷。

不过话说回来，女士也可把"生日时喝什么酒"作为感情的试金石，知道自己在伴侣心目中的分量。万一已叫了美酒，才发现"年份不好"喝不成，那也只能怪自己"生不逢时"，爱人的心意已到，至少替对方省些银两。

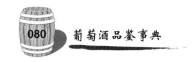

开酒要有技巧

一个人会不会喝酒，只要看他开瓶、倒酒的姿势就知道了。

现在大多数的葡萄酒还是用软木塞，必须使用钻入式开瓶器。因此开瓶的基本原则是保持酒瓶直立、瓶口向上，紧握瓶身，先用小刀"完全"去除金属铝箔封签，使瓶塞清楚可见。之所以强调"完全"去除，是因为必须将铝箔封签拿干净，才能发现软木塞顶部是否附着霉菌或灰尘，有没有变质得很严重。灰尘可用干净的湿布擦试，如果软木塞的颜色不对或发霉很严重，可以要求换一瓶酒。

接着将开瓶器的螺旋体保持垂直状态，以边压边旋转的方式钻入软木塞中，直到螺丝完全旋入，但不可刺穿瓶塞，以免木屑掉入酒中，影响观瞻与口感。现在流行

用"翼杆式"开瓶器，也就是钻入后只要将其双翼往下压，就可拉起瓶塞，不必像过去一样用力往外拔。但"翼杆式"开瓶器对酒瓶较大或长软木塞型的高级葡萄酒，往往因长度不够而不适用。最好的方法是朝同一方向旋转，最后将开瓶器的支撑臂固定在瓶口，借用开瓶器之力让软木塞自然上升，然后用餐巾包着瓶塞，小心地拔出，尽量避免发出声音，最后再用白色餐巾清除铝箔密封签下可能的残物。

如果开的是香槟等气泡酒，就要先用餐巾包住瓶口，并以大拇指按住软木塞，朝无人处一面转动酒瓶（不是转动木塞），一面缓缓拔出木塞。有的人以为开香槟酒最炫的一刻，就是拔出瓶塞时响亮的"啵"

一声，其实没有必要。

此外，开酒前必须注意室温是否恰当，也不要晃动酒瓶，以免沉淀物混浊。拔出软木塞后可观察其干湿状态、有无霉变，必要时也可闻闻味道。如果有很重的酸味、霉味、硫黄味、臭袜子味，就表示酒已变质，不能喝了，必须软木塞散发出迷人酒香的酒才是好酒。

当然如果是在高级餐厅点名酒请客，侍酒师都会先将酒开好，把瓶塞放在小碟子上送来"鉴定"，此时就只要观察瓶塞的外观即可。

"品酒"重酒庄，更重年份！

去美国餐厅吃饭常会看见 No Corkage 的英文标示，意思是"不收开瓶费"，顾客可以自己带酒来喝，餐厅可以提供开瓶器或帮忙开酒，不会另外收费。

不过，如果是到高级的法式餐厅，他们就不欢迎客人自己带酒了，除非该店没有客人要点的酒（可以指定要同年份、同款式的酒）。自己带酒通常收取开瓶费 20 美元，有的餐厅比较开明，凡是客人点了高级酒，而酒单上没有，他们不但会帮忙打开顾客的自备酒，不收开瓶费，还会因此致歉。

当然顾客想自己带酒时也要睁大眼睛。通常，法国巴黎的高级餐厅，如银塔 La Tour d'Argent，一向以酒窖藏酒丰富而闻名，号称藏有名酒五百万瓶，客人想点什么名酒一定都有，您可不必自己带酒进去喝。银塔第一代店东安德鲁特海（André Terrail）还以其妻漂亮而闻名，当客人称赞其夫人美貌时，特海先生一定面带笑容，加上一句："我的酒窖也是。"

有一次，某位台湾客人带了五大酒庄名酒，去上海某知名法国餐厅用餐。侍者表明不准自备酒水，客人只好要求准备同款式、同年份的酒。想不到店家拿出同一酒庄、不同年份的葡萄酒充数。客人不悦，当场抗议，不料经理竟回答："同厂牌就可以了，为什么非要同年份不可？您这不是存心找碴吗？"

显然，不懂酒、存心找碴的是餐厅，而不是客人，难怪法国的一流餐厅都由侍酒师（Sommelier）前来让客人点酒，并且亲自送来。

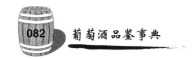

一定要醒酒吗

　　红酒是有生命力的，因为其中含有单宁，单宁跟空气接触之后会产生微妙的变化，使酒性与口味变得更加圆润，更具有丰富的层次感。

何谓"醒酒"？多久最适当？

　　而所谓"醒酒"（Decanting），就是打开瓶盖之后，故意让酒接触到空气，以"唤醒"沉睡于瓶内的单宁等物质，使香气复苏，产生丰富的层次变化。

　　醒酒的另一个目的，是去除久置多年所产生的自然沉淀物，这些沉淀物虽不会改变酒的质量，却会影响口感。

　　醒酒时间视葡萄酒的种类与性质而定。一般而言，勃艮第的黑品诺红酒，单宁的含量较少，只要在饮用之前 30 分钟打开即可，不需太早开瓶，醒酒时间也不必太长。而波尔多的赤霞珠红酒因单宁含量丰富而

约需 1 小时醒酒；未满 10 年的年轻葡萄酒可再增加 30 分钟，10 年以上的陈年酒则不用太长，否则可能使单宁过度氧化，反而破坏了美酒的原味。高级的红葡萄酒只要贮藏得当，就越陈越香，醒酒时间大约半小时已足。

　　一般的陈年老酒比较需要较长的醒酒时间，但也不能太长，尤其不可隔夜，否则可能因氧化过度而变成醋。至于酒龄不高、已开过的剩酒，可放在冰箱 3 天。如果只是一般餐前酒，则只需倒约酒杯的三分之一，轻摇晃动，增加酒与空气的接触面积，释放出酒中的酯、醚、乙醛即可。

不只是拔除瓶塞、直立静置

有的人以为"醒酒"只要打开瓶盖、拔出软木塞，让酒直立等候即可。事实上这样酒与空气接触的面积太少，意义不大。最重要的还是倒到适合的酒杯中，轻轻晃动，既能醒酒，还可以享受酒香带来的快感。

酒龄超过 10 年以上、味道醇厚的葡萄酒及波特酒，一定要先放入"醒酒器"，除去酒中的沉淀物。有些年份久远的葡萄酒，开瓶前还需先直立几天，让沉淀物沉积到瓶底再打开。

醒酒的目的主要是让酒接触到空气，产生轻微的氧化作用，同时借助挥发作用排除异味。如果要了解醒酒是否成功，或分辨醒酒前后的变化，最简单的方法就是：开瓶后一次倒两杯酒，一杯先喝掉，另一杯等 1~2 小时后再喝，就能清楚感觉出差异来。

或者点一支蜡烛或照明灯（因红酒瓶多为深绿色，不容易观看），然后一手牢握醒酒器（decanter），另一手持葡萄酒瓶，然后将葡萄酒缓缓倒入醒酒器中，观察葡萄酒流经瓶颈，直到首次见到沉淀物就停止，否则沉淀物也会进入玻璃瓶内，影响口感。

白葡萄酒及劣质红酒无须醒酒

一般而言，劣质酒、便宜及酒龄轻的葡萄酒不需要醒酒，而且醒不醒酒的差别不大；有些年份不好的酒存放越久，酒质反而越粗糙，还不如早早喝掉为妙。

此外，白葡萄酒基本上也无须醒酒，只有少数高级陈年干白酒或甜白酒才需要醒酒。

从品酒看品味

什么叫品酒？简单来说，就是看酒的颜色，闻其香气，保持温度及享受其口感而已。当然，从保存、开瓶、谈论到动作等都能看出品味。

颜色：品酒首重 CAT

品酒首重 CAT，就是观察酒的颜色（Color）、闻气味（Amour）及享受口感（Taste），其中占第一位的就是"观察酒的颜色"。优良的葡萄酒的颜色应该是明亮、清澈、充满活力的；颜色越浅，结构就越松散。

红酒

首先从正上方及斜面观察酒的正中央，如果颜色透明又有光泽，表示葡萄酒的质量优良。接着拿一张白纸为背景，在阳光下观察酒的颜色，红葡萄酒的颜色从紫色、红宝石色、红色、红石榴色到砖红色。当酒还年轻时，其颜色应为深红带紫；随着成熟度与酒龄的增加，其颜色会从红石榴色转为砖红色，越好的酒，颜色越呈不透明的褐红色。

樱红色、草莓红的酒适合现喝，不宜久藏。波尔多酒呈现又暗又深的紫色，勃艮第酒则是又亮又淡的宝石红色。

不是高级酒却呈现红褐色，表示酒已变质。从酒杯边缘的葡萄酒的颜色也可以看出酒龄：年轻的红酒杯裙呈宝石红或紫色光圈，陈年酒呈暗褐色。边缘带有橙色光圈可能是名酒，也可能已变质。红酒越是成熟，颜色就会越浅，白酒则越深；如果同产地、同年份、同品种，颜色越深的红酒越高级。

品酒顺序十原则	1. 清淡酒比浓郁酒先喝。
	2. 白酒比红酒先喝。
	3. 酒体轻的比酒体重的先喝。
	4. 浅龄酒的比陈年酒先喝。
	5. 涩味少的比涩味重的先喝。
	6. 简单型的比复杂型的先喝。
	7. 甜味少的比甜味多的先喝。
	8. 余韵短的比余韵长的先喝。
	9. 成熟期短比成熟期长的先喝。
	10. 普通酒比高级酒先喝。

白酒

白葡萄酒也一样可以欣赏颜色，只是白酒中不含单宁，颜色较浅而已。拿一张白纸为背景，在阳光下观察酒的颜色，白酒从黄绿色、柠檬黄、稻草色、金黄色、琥珀色到茶褐色，一旦呈现琥珀色，就表示已经达到成熟阶段。

陈年白葡萄酒颜色较深，霞多丽比雷司令颜色深，如果是在橡木桶里酿造，酒色也较深。

香气

好的葡萄酒在开瓶后，倒入郁金香杯约 50 毫升（约杯底向上两指宽），酒杯向己身倾斜 45° 左右，轻轻依逆时针方向旋转（左撇子则顺时针）。先闻酒与空气接触后释放出来的静态酒香，轻微摇晃后再闻，比较前一次所闻，会发现后者的香味比较浓郁、丰富与复杂。

葡萄酒的香气有以下 3 种。

（1）不同品种的果香及产地土壤所形成的香气。

（2）橡木桶带来的香气。

（3）陈酿经年所产生的成熟果香。

这些不可预测的香味是葡萄酒最迷人的地方。1981 年法国酒鼻子闻香大师 Jean Lenoir 把葡萄酒分为 6 大类、54 种组成香味，成为如今全球通行品酒的基本气味。他把香气分为：水果类（桃子、李子、菠萝、柠檬、橘子、香蕉、荔枝、香瓜、草莓、蓝莓、黑莓、水梨、杏桃、桃子、红醋栗、黑醋栗、麝香葡萄、苹果、黑樱桃、覆盆子、葡萄柚、无花果、枣干、核桃），花卉类（紫罗兰、丁香、玫瑰、椴花、山楂花、菩提花、洋槐花），植物类（青椒、蘑菇、松露、甘草、香草、薄荷、青草、干草、肉桂、丁香、胡椒、迷迭香、番红花、干牧草、百里香、黑醋栗苞芽），树木类（橡木、松木、雪松、森林），动物类（皮革、蜂蜜、麝香、猫尿、奶油），烘焙类（咖啡、雪茄、焦糖、烟草、巧克力、烤杏仁、烤榛果、烤面包、烟熏味、黑巧克力）。这些都是初入口时瞬间的香气，并非全程特定的香味，有些是单味，有些香味多重且复杂，但少有人特别为了喜欢某种味道而去买特定的酒。

高级酒最常被描述的香味是：黑樱桃、覆盆子、黑醋栗、甘草及松露。

红葡萄酒常见的果香是：樱桃、草莓、蓝莓、黑莓、杏桃、李子、覆盆子、黑醋栗。

白葡萄酒常见的果香是：柑橘、青柠、柠檬、青苹果、桃、梨、荔枝、芒果、菠萝、木瓜。

温度

白葡萄酒的适饮温度比红酒低，在8~12℃之间，因为葡萄酒在低温时会散发清新香气，减低甜味，却会使酸、涩、苦味口感更明显。

红葡萄酒的适饮温度在16~20℃之间，其复杂的层次口感则会随着温度变化而丰富起来，且可降低单宁造成的酸涩口感。因此陈年醇厚的高级波尔多、勃艮第红酒，以及意大利、西班牙的红酒，都强调其适饮温度为16~18℃。而南法、澳大利亚产的红酒，因涩味少且醇厚，其适饮温度则为14~16℃。年轻、淡口感的薄酒莱与玫瑰红，其适饮温度为12~14℃。

必须注意的是，低温会抑制酒的香气，使其无法散发，尤其在低于8℃以下时。因此白酒不能直接从冰箱里拿出来就喝，因为白酒的特色就是香，虽然有点冰，但比较顺口，冰箱的温度为3~6℃，会影响果香散发。因此建议从冰箱取出后，应让其稍微回温后再喝。通常在室温20℃时，大约每隔5分钟回温2℃。

一般而言，较甜的白酒适合较低的温度，较不甜的白酒则适合较高的温度。余韵长、浓郁型的高级勃艮第干白酒的适饮温度为 8~16℃，卢瓦河谷、阿尔萨斯、新西兰产的清爽型干白的适饮温度则为 6~10℃，甜白酒如德国贵腐、法国苏特恩的适饮温度为 4~8℃，香槟、气泡酒及清爽型甜白酒的适饮温度为 4~6℃。

必须留意的是，气泡酒在 4~6℃时可减缓二氧化碳的释放，使气泡变得细致柔顺，但过低则会出现令人不悦的金属口感。

以上虽然建议适饮温度维持在 18℃以下，但当葡萄酒入口后，在口中很快就会超过 20℃，其实葡萄酒在 20℃的室温时仍有很棒的口感。

口感

我们喝葡萄酒时，通常都是先吸气，把酒香带入鼻腔，接着才轮到味蕾上场。这一过程与喝果汁全然不同，喝果汁是直接咕噜进入食道。

根据生理学原理，喝葡萄酒时舌尖品尝甜味、舌侧缘及上颚感觉酸味，舌中感觉果香，舌根感知单宁苦味，并利用整个口腔上颚黏膜与酒体接触，探索味觉与嗅觉感官享乐之极致。如果酸得清爽、果味

醇厚，单宁顺口、酒精适中，四种架构取得平衡，那就是好酒了。

余味

一般品酒以一口 10 毫升为度，含在口中 2~5 秒后徐徐咽下。好的葡萄酒余味会持续 15~20 秒，能品味到丰富而复杂的香味。因此，如果葡萄酒入口后，感觉味道单一或没有什么变化，表示"味道层次感不够"，显然不是好的葡萄酒。凡是好酒一定要让人感觉"余味无穷"。

"余味"是指酒在鼻咽交界处所留下的韵味，如果葡萄酒的酒精含量高而无酒香，余味可能只是火辣，单宁太重者的余味只是苦涩。

酒体

除了余味之外，"酒体"也是口感的重要元素。一般行家所说的"酒体"，是指葡萄酒在口中的重量感，酒体丰满与清淡决定于酒的重量。一般来说，酒体重者的特色是果粒小、皮厚，富含单宁，酒精成分高且味道丰富，例如赤霞珠就是代表。

其次如梅洛、西拉就属中酒体，而黑品诺则为轻酒体。

至于白酒一般都是中、轻酒体，例如霞多丽是中酒体，雷司令是轻酒体。

酸度、甜度、酒精浓度与单宁含量

酒的口感好坏由酸度、甜度、酒精浓度与单宁含量四者决定，如果这四项都能取得平衡就是好酒。也就是说，葡萄酒中的苹果酸、酒石酸的酸味，要与葡萄的甘味取得平衡，而且果香要突出，酸度太强会有喝醋的感觉。不能太甜如同果汁，也不能涩味太重，如果单宁含量过多，就会出现粗、涩的刺喉感。要是酒精含量太高则喉头易有烧灼感。总而言之，红葡萄酒的口感讲究的是：果香明显、充满活力，成熟柔顺及饱满醇厚；而白葡萄酒的口感以清爽柔和、芳香而充满活力、丰满醇厚为主。

其次是果实味，果味忌清淡，以厚重、有浓缩感、具复杂性为优。所谓"复杂性"是指每次都会发现不同的风味，虽然只有微妙变化，但与时俱增，令人神迷。以五

大酒庄的名酒而论，波尔多红酒的涩味很强，喝起来有厚重感。勃艮第红酒的酸味较强，富水果味，少有涩味，这是所酿造的葡萄原料不同之故。波尔多红酒以赤霞珠为原料，带有强烈的涩味，比较适合酿造长期成熟型的酒，且至少要存放 10 年以上才能去涩。有些好年份的酒甚至放了 20 年还很年轻，带有涩味呢！

勃艮第红酒使用百分之百黑品诺葡萄，带有清爽而丰富的果实味，一般存放 5 年即可饮用，但顶级勃艮第还是要 10 年以上才会顺口。

在品酒的顺序方面，通常是先白后红，先年轻后陈年，先不甜后甜。即先喝清淡的白酒、香槟，再喝醇厚的红酒；接着先喝存放时间比较短的酒，之后再喝醇厚的酒。当然酸度、甜度与单宁的涩度均与酒的温度有关，红酒的温度过低会有单宁的涩味，过高（如超过 15~18℃）则失去果香，酒精也容易挥发。白酒冰镇后比较好喝，因为低温会抑制酸味，呈现清新的口味，而且口味越甜者在低温下越可口。

一般而言，勃艮第顶级红酒的口感远胜波尔多，这是因为勃艮第红酒由单一成分的梅洛葡萄酿成，而波尔多常用两三种葡萄混酿，可以取长补短之故；前者的技术困难度较高，售价较贵也是必然。此种情况正如同劳斯莱斯对奔驰汽车一样，但必须喝上一段时间以后才能自然领悟。

怎样品葡萄酒才不会被笑外行

如何保存才能更香醇

　　让葡萄酒更香醇的储存条件很简单，不外乎温度、湿度、避免阳光照射（所以用有颜色酒瓶）、不要随便移动等。但说起来容易，实施起来却不简单。

温度

　　长期储藏葡萄酒的理想温度是维持在13℃左右的恒温状态，高于这个温度会使葡萄酒的成熟速度加快，风味变得粗糙，甚至出现过分氧化，造成酒变成棕色且果味消失。此外，过高的温度也会使葡萄酒瓶内压力增高，软木塞移位，造成葡萄酒渗出，因而加速氧化。

　　有人做过实验后证实，如果以13℃为基准，葡萄酒温度上升到17℃，酒的成熟速度为原来的1.2~1.5倍；温度增加到23℃，则成熟速度变成2～8倍；温度升高到32℃时，成熟速度变为4~56倍。当

然成熟速度的变化和葡萄品种、酿造方法不同也有关系。不过，由此可知葡萄酒的储存温度最好保持恒定，温差太高会破坏酒体，对酒的质量伤害很大，难怪世界上最好的酒都储存在地窖。例如酒标有"bin"字样者，就表示是装在橡木桶里并置于地窖中陈酿的红酒。

　　假如没有适当的储存环境，酒买回来以后最好在两年之内喝掉。否则好酒也可能变坏酒，坏酒变成醋。

　　过去曾经有人发现，存放在酒桶中的柏图斯，比装瓶后还要醇厚、芳香，因而质疑为什么不放在橡木桶内陈酿十年再拿

出来卖呢？其实酒庄也不是不知道牛养肥了才有身价，但先前抽入木桶醇化两年已是一大笔开销，不出售求现，没有资金进来，何来支付员工薪水及葡萄原料？且存放木桶内一年平均会挥发7%的贮酒，并不划算。

湿度

储存葡萄酒的理想湿度，一般认为在60%~70%比较合适，湿度太低，软木塞会变得干燥、失去弹性，影响密封效果，让更多的空气与酒接触，加速酒的氧化，导致酒变质、酸化。即使酒没有变质，开瓶时干燥的软木塞也很容易断裂，甚至碎掉，木屑掉入酒中不仅影响口感，而且大煞风景。若贮酒环境太湿，则易使软木塞及酒标腐烂、发霉。

由于红酒装瓶以后仍会继续发酵，因此葡萄酒一定要平放贮藏，让软木塞始终能浸泡到酒液，湿润而膨胀，以彻底阻绝瓶内与瓶外的空气。这样才能使软木塞完全与酒接触、湿润，而不致因过于干裂而影响保存效果，或增加开瓶时木屑裂开、掉进酒里的风险。

也有人主张长时间储藏时瓶口最好向上倾斜15℃，因为红酒经年存放，酒中沉淀物就会自动聚集在瓶底部的沟槽，如果瓶口向下倾斜，那沉淀物就会聚集在瓶口处，倒酒时一起进入酒杯中。其实红酒最好平躺储藏，只要在饮用前一天直立，使木屑沉淀到瓶底即可。

避光

葡萄酒瓶都是墨绿色或深棕色，目的就是遮挡光线，减少对酒的伤害，防止紫外线加速酒的氧化过程，以免葡萄酒的香气与果味消失。因此长期贮存的葡萄酒应该尽量避光，一般都是放在地下酒窖或委托酒商代为保管。

此外，葡萄酒像海绵一样，会吸收周遭的味道，所以贮酒环境要通风，不可同时堆放其他有异味的东西。如果暂时放在冰箱中，也以温度变化较小（10~14℃）的温度为宜。

避免移动

　　我们常在电视上看到，法国餐厅拿出布满灰尘的陈年酒给多金的顾客过目。为什么酒会布满灰尘？并非平日疏于打扫，而是不敢惊动沉睡中的美酒。过度振动会促使葡萄酒加速成熟，影响葡萄酒的质量，所以最好不要贮藏在经常会振动或移动之处，尤其是年份老酒，千万不要摇瓶观察或搬动。

　　储藏葡萄酒最好的地方就是地下酒窖，不但可以避光、保持恒温，而且可远离振动源，但如果场地不许可，购买可以恒温、恒湿有防震设计的电子酒柜（Euro Cave）亦不失为好办法。一般家用电冰箱发动机启动时会产生振动，温度亦会因为开来开去而有所波动，不适合贮酒。

剩酒如何保存

　　葡萄酒如一次无法喝完，可用酒塞塞住，然后保持直立，放入家用冰箱。通常白酒最好在两天内饮完，红酒约可维持 3 天，下次饮用前再恢复到适合饮用的温度即可（红酒 16~18℃，白酒 8~12℃，在室温时每 10 分钟增加 2℃）。

近年来出现一种真空酒质保存机，可在剩酒中灌入氮气，利用氮气比氧气重的原理，把氧气逼出瓶外，再塞回瓶塞，直立放入冰箱保存，如此就不怕余酒氧化，可再保存 1~2 周不会变质，尤其适合高级酒。

白酒不要贮藏太久

大部分白葡萄酒适合年轻时饮用（最多不超过 3~5 年），只有上好的白酒如勃艮第产的蒙哈榭、夏布利，波尔多产的奥比昂堡，苏特恩产的伊甘酒庄。或德国、匈牙利产的贵腐酒，才值得存放 20 年以上。主要是因为白葡萄酒中的单宁很少或几乎没有，而单宁是维持葡萄酒生命的必要条件，所以红葡萄酒比白葡萄酒经得起久放，而白葡萄酒放久后颜色与味道会改变。

一般而言，皮厚的赤霞珠、梅洛等单宁含量高的红葡萄酒，比皮薄的黑比诺寿命长。但并非所有厚皮陈酿的赤霞珠都适合长时间贮藏，土壤及年份的影响也非常重要。

好酒才值得长期存放

需要注意的是，赤霞珠酿造的葡萄酒因富含单宁，至少要存放 5~7 年以上才适合饮用。陈年型的高级葡萄酒甚至要经过 10 年以上才会进入适饮期，90% 的葡萄酒，也就是 65 美元以下便宜的葡萄酒，两三年内就要喝掉，久放不会更好喝。

基本上，旧世界葡萄酒比新世界的耐放，波尔多比勃艮第耐放。过去被帕克评为 95 分以上的酒，至少有 12~20 年的存放时间。旧世界葡萄酒每瓶 300 多美元以上的白酒可存放 3~10 年，贵腐酒至少要存放 10 年以上才能呈琥珀色的适饮期，有些存放 50 年、甚至 100 年也没问题。

美食要搭配美酒

　　多数人都知道喝葡萄酒的一般原则为：红肉类配红酒，白肉（鸡胸肉、乳猪、牡牛肉）与海鲜配白酒。但这个原则并非一成不变，有时会因佐料的酱汁不同而例外。

　　餐后甜点也一样，基本原则是：甜白酒配柠檬派、香草冰激凌，巧克力蛋糕配红酒、波特酒或干邑白兰地。餐前配香槟酒、白葡萄酒，餐后配甜酒也算是常识了。此外，柑橘、莓果等酸味糕点，可配一般甜度的甜白酒，但若甜度更高的甜点如焦糖布丁、冰淇淋蛋糕，则须搭配甜度高的贵腐甜白酒。

　　当然地方性的酒最好搭配当地食物，因此法国菜配波尔多、勃艮第、罗纳河谷出产的酒；意大利菜配意大利酒；西班牙菜配西班牙酒。原则上酸性食物搭配带酸的葡萄酒较佳，酒的酸味必须与菜相当或更酸。部分高级海鲜若仅用铁板现煎，佐以一些海盐与柠檬汁调味，就不一定需搭配更酸的白酒，就看是哪种海鲜而定。比如龙虾就可以搭配带甜的白葡萄酒，油脂多的鱼或牡蛎类，则适合与酸度高的香槟或清爽白酒搭配。值得一提的是：酒的甜味必须与菜肴相当或更甜。

　　奶油龙虾可搭配霞多丽白酒，但还要看是哪家酒厂、哪个年份；而勃艮第白酒虽都统一用霞多丽葡萄酿造，不过每家酒厂酿酒师的功力及风格大不相同，有些偏甜或微酸香，就要因菜制宜。

　　螃蟹适合搭配长相思或霞多丽白酒，但仍要挑选酒厂与年份。高级原味牛、羊排配赤霞珠红酒，尤其是陈年的波尔多老酒，搭配起来更加美妙；牛、羊排加酱料则配黑品诺红酒，但若有太厚重的酱，则不适合搭配勃艮第红酒。

鲑鱼也可配黑品诺、佳美红酒及重口味的白酒。香肠类配西拉或仙粉黛。日本料理蒲烧鳗、寿喜烧可配勃艮第或圣埃美隆红酒。天妇罗配夏布利、霞多丽白酒，生鱼片可配夏布利。

不仅如此，菜里的酱汁也要留意。柠檬或柚桔酱配香槟、长相思或霞多丽白酒；浓郁的奶油白酱配霞多丽白酒或黑品诺红酒；西红柿酱配赤霞珠、梅洛或西拉红酒。辛辣食物配雷司令或微甜白酒。一般原则，美酒一旦进入适饮期，无须食物的衬托，单喝就已非常完美。

一级酒庄的葡萄酒仅宜搭配佐料单纯的食物，如原味牛排切忌带蒜味、香菜、八角气味的菜肴，否则酒质就会显得太温顺而失衡。具个性的葡萄酒搭配佐料太复杂的食物，会显得格格不入，使美酒的口味大打折扣。

涩味葡萄酒会加强食物的苦味，酸味的葡萄酒则会使偏甜食物更甜，而甜味葡萄酒会降低食物的咸、酸和苦的味道，苦味葡萄酒则可中和食物的酸味。食物可使葡萄酒的单宁软化并降低酒的酸度，而葡

萄酒可使食物的味道增强，促进食欲。食物的口味不能压过葡萄酒的气味，和谐、顺口是食物与葡萄酒搭配的最高境界。

芝士可搭配白酒、红酒食用，没有非用什么不可，完全在于个人喜爱。一般原则为：重芝士配赤霞珠红酒、雷司令白酒，轻吉士如 Brie、Mozzaarella 配霞多丽、长相思。也有专家建议如下搭配（见 96 页表）。

	勃艮第
布利芝士 Brie	长相思、霞多丽、薄酒莱、灰品诺（Pinot Grigio）
卡芝贝尔芝士 Camembert 豪达芝士 Gouda	赤霞珠
帕玛森芝士 Parmesan	梅洛
莫扎瑞拉芝士 Mozzarella	霞多丽
切达芝士 Cheddar	赤霞珠、黑品诺
重口味山羊芝士	西拉
烟熏芝士	西拉、黑品诺、仙粉黛
酸口味山羊芝士	长相思、黑品诺
蓝纹芝士 Castello	雷司令、霞多丽、西拉、梅洛、仙粉黛
古冈左拉芝士 Gorgonzola 斯蒂尔顿芝士 Stilton 罗克福芝士 Roquefort	西拉、苏特恩甜酒、波特酒

第六章　副牌酒与香槟、薄酒菜

　　年份好的葡萄不是年年都有，在年份不好时收成的葡萄一样要酿制成酒。即使在年份好的时节，还是有一些葡萄因为照顾不周，以致葡萄所含的水分太多或太少，或者光照得太多或太少，甚至因为葡萄树的树龄太浅，所收获的葡萄质量达不到制作特级酒与正牌酒的标准。但葡萄已经采摘下来了，丢掉既浪费又可惜。于是酒庄里高明的酿酒师就发挥其巧思，利用"巧手"，将这些"次级品"依照酿造正牌酒的方法，制成葡萄酒，成为"副牌酒"的滥觞。

　　这些从特级行列落榜的葡萄制成的酒，质量虽然不像正牌酒或特级酒那么好，但味道、口感都还可以让人接受，有时候酿造出来的酒并不会比正牌酒差很多，价钱却只有正牌酒的三分之一到五分之一，因而颇受消费者欢迎。后来酒庄也发现，这类酒可以吸引买不起正牌特级酒的顾客，如果先让他们品尝，既能满足喝高级酒的梦想与感受，将来也许有机会"升级"，成为高级酒的爱用者。因此酒庄不但不禁止生产这一类酒，甚至故意开发类似品牌，成为高级酒的副品牌，称其为"副牌酒"。

副牌酒
Second Wine

据考证，最早酿造副牌酒的应为法国波尔多葡萄庄园，他们从18世纪就开始陆续推出此类次级品。1908年玛歌堡首度推出二军酒，命名为"红亭（Pavillon Rouge）"，但一直到20世纪80年代才开始盛行。1993年连法国五大酒庄之一的木桐堡也推出了副牌酒，从此奠定了副牌酒的地位。

此类副牌酒之所以受欢迎，原因之一是顶级正牌酒至少需要存放10年才能喝，而劲道稍弱的副牌酒成熟速度较快，只要经过三五年就可以饮用，风味也很接近正牌酒。就消费者而言，能找到物超所值的葡萄酒，其满足感自然不用说了。有些一级酒庄捕捉到消费者的这种心态，一到年份差的时候，为了保证正牌酒的一贯质量，干脆完全不生产正牌酒，只酿造副牌酒。

20世纪80年代以后，虽然葡萄的种植与酿酒技术大为进步，葡萄年年丰收，新世界酒庄又陆续加入竞争行列，全球的葡萄酒产量供过于求，高级酒的质量要求越加严格，被淘汰的葡萄数量越来越多。酒庄索性从中选取质量尚佳的葡萄，经过酿酒师的巧手，不但酿成副牌酒，还赋予新品牌，逐渐在波尔多地区流行开来，后来连美国加州及西班牙都开始跟风。

现在近期年份的正牌酒还在成熟阶段，便宜的副牌酒适时推出，让酒客既可解馋，还能先喝为快，何乐不为？以下介绍几类副牌酒供读者参考，另一方面也请买家睁大眼睛，以免花了正牌酒的价钱，买到的却是副牌酒。

Carruades de Lafite（拉菲珍宝）

又名小拉菲，为拉菲堡的副牌酒。选用的葡萄以赤霞珠为主，占60%，加上梅洛35%，小维铎或品丽珠5%，醇化18个月，较少使用全新木桶（10%~15%），所以酒质细致，矿物味浓，有雪茄及橡木香，也有足够酸度可供陈酿。1994年以前的酒质量较差，1998年以后的酒质量即大幅改善。2000年、2003年是好年份，以酒体丰厚取胜，因此2000年的副牌酒有正牌酒的风格。2009年被帕克评为94分，一度涨到500美元，出厂价每瓶平均300~400美元。

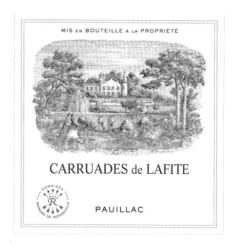

Le Petit Mouton（小木桐）

木桐堡的副牌酒，酿酒方法与正牌酒大同小异，以赤霞珠80%，梅洛与品丽珠各占10%酿造、调配而成，葡萄比例因每年状况调节。成品的酒质丰润，单宁柔和，橡木味浓，酒标上有一串红葡萄为其特征，每年都一样。其好年份为1995年、1998年、2000年、2003年、2005年、2006年、2009年，每瓶平均150~250美元。

Pavillon Rouge du Chateau Margaux(红亭)

玛歌堡的副牌酒，于五大酒庄副牌酒之中，质量最优异且最稳定。主要选用不满 12 年的年轻葡萄树，以 70% 的赤霞珠，30% 的梅洛，一半用新木桶，另一半使用一年的旧木桶，醇化 18 个月。此酒酒体柔顺丰厚，香味优雅，平易近人，帕克认为 2000 年的红亭比 20 世纪六七十年代的某些正牌酒还好。1990 年、1996 年、2000 年、2003 年、2005 年、2009 年又是好年份，可以香味取胜，每瓶平均 150~250 美元。

Bahans Haut– Brion（百安奥比昂）

奥比昂的副牌酒，2007 年已改名为 "Le Clarence de Haut Brion"，是帕克最爱的三大副牌酒之一，其余两家是拉图堡的副牌酒 Les Forts de Latour 及雄狮酒庄（Leovila–Las Cases）的副牌酒 Clos du Marquis。

此酒的成分是 45% 赤霞珠、35% 梅洛、12% 品丽珠及 8% 小维铎，以不锈钢槽发酵并连皮浸泡，使用三成全新木桶，其余用陈酿过正牌酒的木桶，醇化 22 个月，成酒果感扎实，圆润柔和，充分表现了格拉芙地区的土壤、矿物气息以及正牌酒橡木桶的香气，结构均衡，与正酒同一风格。

后来干脆精选全年葡萄总收成的 50% 酿制副牌酒，以酒体丰厚取胜。其好年份是 1989 年、1995 年、2000 年、2005 年、2009 年，每瓶平均 150~200 美元。

Le Petit Cheval（小白马）

　　白马堡的副牌酒，以 50% 梅洛、50% 品丽珠酿造而成，帕克认为白马堡的副牌酒比 20 世纪 70 年代的正牌酒好。口感有花香及木桶香，酒体中等，丰厚、均衡、优雅，有层次感，2000 年份的有正牌酒的风格，是众副牌之冠。好年份是 2000 年，每瓶平均 150~200 美元。

La Chapelle d'Ausone（小奥松）

　　奥松堡的副牌酒，以 50% 梅洛、50% 品丽珠酿造而成，年产量只有数千瓶，带咖啡味，酒体中等，入口滑顺，2000 年份的与正牌酒风格相似，只在小白马之下。好年份是 2000 年、2003 年、2005 年、2009 年，平均每瓶 200~300 美元。

Les Forts de Latour Pauillac（小拉图）

　　是拉图堡的副牌酒，以 70% 赤霞珠、30% 梅洛制成，其葡萄树龄平均为 40 年。拉图堡甚至还有三军酒，选用补栽的树龄 6 年以上的葡萄酿造，命名为"Pauillac de Latour"。拉图堡的副牌可媲美二级酒庄的正牌酒，好

年份是 1990 年、1996 年、2000 年、2003 年、2005 年、2009 年。2009 年的酒被帕克评为
95 分，索价 400 美元，出厂价平均每瓶 250~300 美元。

Clos du Marquis（雄狮副牌）

　　是雄狮酒庄（Leoville Lascases）的副牌酒，该酒庄也
是波尔多最早推出副牌酒的二级酒庄。主要以 60% 的赤霞
珠、40% 的梅洛以及少许具复杂性的品丽珠及小维铎酿成。
成品的果香甜美，酸度适中，单宁轻柔，典雅高贵。好年份
是 1990 年、1996 年、2000 年、2003 年、2005 年、2009 年。
利瓦伊拉卡斯酒庄 1982 年曾被帕克评为 100 分，平均每瓶
40~90 美元，2007 年后改名为 Petit Lion（小狮王）。

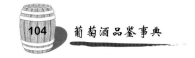

香槟酒

　　17世纪90年代，法国欧维莱尔（Hauteviller）修道院的修士裴利农在无意中发现，已经装瓶的葡萄酒会启动二次发酵，酿出清爽、含有气泡的淡酒，这就是后来大家熟知的"香槟酒"。

修士裴利农的香槟酒的宝典

　　裴利农曾担任过修道院酒窖主管，在酿造葡萄酒方面有其独到手法，但一直到他过世后3年（1718年），大家才知道他写了一本《酿酒宝典》，言简意赅，让人惊艳。其重点内容为：

　　第一条：只能用黑品诺酿酒，其他品类的葡萄容易反复发酵。

　　第二条：要时常修剪，不能让葡萄藤高于3英尺（约合0.9米），这样才不会影响果实的质量。

　　第三条：采摘葡萄应尽量选择在凉爽天气，最好在清晨将整串完整采下，避免擦破果皮，挑选果粒小者比较适合酿酒。

　　采下的葡萄上面最好盖一条湿毛巾，既防日晒，又能保持新鲜。

　　最好就在葡萄园附近榨汁。如果要运送到他处，宁可选择性情温顺的骡子，不要用马，因为马容易受惊、狂奔，很容易对葡萄造成损伤。

　　第四条：榨汁速度要快，但绝对不能压碎葡萄，也不能让皮留在葡萄汁中。每次榨后都要取出残渣，不可混在汁液中。葡萄最多只能反复压榨3次，以第一次的质量最好。

　　他发现，如果按一定比例挑选不同葡

萄园、不同成熟度和不同风味的葡萄汁勾兑，所酿出的酒比用同种葡萄酿的更好喝、更有味道，质量也更稳定。后来他从西班牙修士处学到使用软木塞的窍门，果然让酒的质量更有保障，更不容易变质。

但他想不通为什么气候变凉以后收成的葡萄，制成的香槟酒会变淡、发酸，而且天气越冷情况越严重（香槟酒又酸又清淡）。即使早一点收成、酿造，葡萄酒还是一到秋天温度降低就停止发酵，一直要到来年春天才会再度启动（发酵）。此外，用白葡萄酿酒很容易起泡，又不容易保存，通常超过一年就会变质。几经思考、试验才发现，将葡萄酒泵入酒桶、贮藏在地下酒窖可以获得改善；如能改用红葡萄，且避免用木桶陈酿，干脆直接装瓶，不仅能保留酒的芳香，也耐久存，平均放5~10年没问题。但如此一来就非得准备一个够深、够大且能保持恒温的地下酒窖才行，否则酒瓶不耐气温变化，可能会爆裂。

香槟酒从18世纪起就流行于法国上流社会，当时法皇路易十四连平时都只喝香槟，不喝其他酒。不过当时会起泡的香槟酒只能装在木桶内，无法分到酒瓶里贩卖，因为那时法国还无法生产可承受起泡压力的玻璃酒瓶。这种情况一直要到发明了厚玻璃酒瓶及软木塞之后，香槟酒才得以大量生产，并普及开来。

产于法国东北香槟区者才算香槟酒

位于法国首都巴黎东北面、大约一个半小时车程的地方，就是专门生产香槟酒的地方。与其他法国产地比起来，香槟区位于法国葡萄产区的最北端，当地的气候较凉，基本上已不太适合种植葡萄，其果实多半又酸又涩，无法单独制成葡萄酒，必须混合多种来自不同园区的葡萄，而且经过调配、勾兑，才能制成香槟酒。

而之所以叫作"香槟酒"，只是因为产地在法国巴黎东北方的香槟区。想不到这种酸度高的气泡酒越来越受欢迎，每年生产2亿6千万瓶还是供不应求，从此法国政府就规定：只有法国香槟区生产的气泡酒才能命名为"香槟酒"。

副牌酒与香槟、薄酒莱

所以说，"香槟酒"就是"法国香槟区生产的较酸气泡酒"，不过现在很多地方都把气泡酒统称为香槟酒，其实有掠人之美之嫌。

时至今日，酿造香槟的方法已经与裴利农那个时代有很大的不同。现今法国酿造香槟的葡萄约在 9 月底、10 月初时收成，取第一次的榨汁为原料，发酵 2~3 周后再调配。基本上法国香槟只用 3 种葡萄：黑品诺、霞多丽和莫尼耶品诺，但比例多少、如何勾兑属于酒庄的秘方。就这 3 种葡萄的属性来看，霞多丽的果香味重，黑品诺味浓，而莫尼耶品诺的种植成本较低，顶级香槟通常不会采用。因此应该是 3 种依比例先调配，之后如果发现欠缺果香，就加重霞多丽的比重；酒汁不够浓郁或酒体松散，就多加些去皮黑品诺。希望香槟清淡一点儿，就使用白葡萄；希望味道醇厚一点儿就用红葡萄。

调配好后就可以装进酒瓶内，加上发酵剂（一种糖和酵母的混合物）作第二次发酵，以产生二氧化碳气体。接着是陈酿、摇瓶、除渣、加调味剂，最后盖上软木塞即大功告成。

口味与颜色

香槟酒按口味分成不甜、略甜、稍甜及甜四种，通常都会印在酒标上。

香槟酒酒标上的 Brut 字样代表不甜，亦即不加糖；Extra dry 为略甜；Sec 是稍甜；Demi-sec 是甜。除了口味外，颜色也分白及粉红两种，粉红色是在香槟中混入二成左右的黑品诺红葡萄而成。

品味香槟的美妙

白香槟中最好的是白中白（Blanc de Blancs），全由霞多丽葡萄酿成。其次是标有年份的"年度香槟"，只有在好年份的同年份各葡萄园酿成，有年份香槟至少陈酿 3~5 年。75% 的香槟是无年份，意思是用不同年份的原酒勾兑。近年来香槟的好年份是 1985 年、1988 年、1990 年、1995 年、1996 年、2000 年、2002 年。

一般香槟买了立即可喝，也可存放 3~4 年，但不会越陈越香。香槟在 4~8℃ 最好喝，可先在冰箱蔬果室冷藏 3 小时左右。

世界知名顶级香槟一览

唐·斐利农 Dom Perignon

　　唐·斐利农 Dom Perignon 的代表作是帝王干香槟（Brut Imperial），以一半黑品诺、一半霞多丽酿造而成，1949 年份是法国国宴的必备酒。一般香槟 5 年是巅峰期，10 年就走下坡，而唐·斐利农到 10 年才是巅峰期。其口感细致、幽雅，微酸带甘，有烤栗子味，风情万种。

　　1959 年伊朗巴勒维国王庆祝波斯帝国 2000 年纪念，曾订购粉红香槟 Rose Brut，此种品牌系以三分之二黑品诺、三分之一霞多丽酿造，如今已成为欧洲社会俊男美女的定情酒，出厂价每瓶约 300 美元。好年份是 1996 年、2002 年、2004 年。

库克 Krug

德国人在法国香槟区所酿的顶级精酿香槟（Grand Cuvee），以库克罗曼尼钻石香槟（Clos du Mesnil）的"白中白"（Blanc de Blancs）的质量最佳。这种酒全由霞多丽酿造，在橡木桶中发酵，在瓶中醇化6年才问世，可存放20年以上。

1995年，八十国领袖在法国庆祝第二次世界大战结束八十周年，所开的就是库克香槟。"白中白"的出厂价每瓶约1000美元。

伯兰杰 Bollinger

是德国人在法国香槟区所酿的香槟酒，其中以法国老株（Vieilles Vignes Francaises）最名贵，全由黑品诺酿造，在橡木桶内发酵，并在瓶中醇化3年才问世。年产量3000瓶，每瓶皆有编号。此酒酒体饱满、微甘，有核桃味，出厂价每瓶约700美元。

沙龙 Salon

全由霞多丽酿造，每10年只有3~4年生产，不满意的全倒掉，每年生产50000瓶，颜色稍带绿，口感清淡、微酸，气味高雅，10年是最起码的成熟期，可存放50年以上，出厂价每瓶约500美元。

侯德乐水晶香槟 Roederer、Cristal de Roederer

装在特制水晶瓶中，是沙皇亚历山大三世的御用酒，由黑品诺及霞多丽混酿而成，甜味只有百分之一。另有粉红水晶香槟是由七成黑品诺酿成，较昂贵。出厂价每瓶约 300 美元。

泰亭杰香槟伯爵 Taittinger、Comtes de Champagne

1981 年英国查理王子与黛安娜王妃的结婚喜宴，就指定用 1973 年份的泰亭杰香槟，此种酒以黑品诺为主，混以霞多丽，口感清新。

1973 年起推出大师珍藏版系列，外面多一层塑料套包装，每年由一位艺术家设计图案，十分醒目。泰亭杰还有另外一款粉红香槟，百分之百由黑品诺酿造，要 8 年后才适合饮用，出厂价每瓶约 300 美元。

黑桃 A 黄金香槟 Champagne Armande de Brignac

黑桃 A 黄金香槟从酿造到包装全部手工制作，黄金、白金、粉金色的酒瓶及包装，全都是人工精心细作的艺术品。此酒乃法国香槟区中央 Montagne de Reims 出产，主要由霞多丽、黑品诺及莫尼耶品诺混酿制成，每瓶售价 350 美元。在 2009 年举办的国际香槟盲目品尝会中，黑桃 A 黄金香槟从 1000 种参赛者中脱颖而出，成为最佳香槟，一箱 30 升、40 瓶装的好酒拍出了 12 万欧元的高价。

薄酒莱

　　薄酒莱（Beaujolais）本来是勃艮第南部贫瘠石灰土壤的产酒区，主要生产深紫色、不宜食用的佳美（Gamay），其所酿成的酒口味清淡，与勃艮第北部以娇贵的黑品诺酿成的葡萄酒大不相同。

　　14世纪时，统治勃艮第的菲利普二世公爵颁布诏书，禁止在薄酒莱以外的地区栽种佳美葡萄，主要目的是不让这种"劣等葡萄"在其领地（勃艮第）存在。不料，薄酒莱地区因祸得福，成为这种特有品种的唯一产区，其所酿的葡萄酒98%来自佳美，并以产地命名为"薄酒莱"。

唯一被公认宜趁新鲜喝的法国葡萄酒

每年圣诞节前夕，大约 11 月份的时候，国外许多媒体都可以看到有类似于"薄酒莱新酒到了（Beaujolais Nouveau Arrive）"的广告。原来每年 11 月的第三个星期四，薄酒莱新酒在全球同步上市，因而预先广为宣传，希望偏爱淡酒的收藏者抢得头香，并吸引酒商、餐厅及消费者的注意。这是因为薄酒莱酒不耐久藏，必须趁新鲜饮用之故。早从 19 世纪开始，薄酒莱酒一酿好，就以马车运到法国各地，再以小壶分装贩卖。由于营销及宣传策略成功，以后就年年如此施行，似乎在圣诞节前喝薄酒莱新酒已成为一种时尚。

一般葡萄酒均需陈酿，而薄酒莱地区以当年采收的葡萄所酿的新酒，称为 Beaujolais Nouveau，这是法国所有葡萄酒法定产区中，唯一公认宜趁新鲜饮用者。通常 9 月才装瓶完成，11 月便上市，并于全球大做广告，抢占圣诞节与新年的广大市场。

薄酒莱分为酒庄薄酒莱（Beaujolais Crus）与乡社薄酒莱（Beaujolais-Villages）两个等级，前者较高级，通常以酒庄命名，比较知名的有 Brouil、Morgon、Moulin-a-Vent、Fleurie，这四个酒庄就占了市场的 75%。

采用特殊的碳浸法酿造

薄酒莱酒区分为上下两部分，"下薄酒莱"指南部，为石灰质土壤，生产清淡的薄酒莱红酒、玫瑰红酒，为薄酒莱新酒的主要产区；"上薄酒莱"即北部，为花岗岩土壤，生产较浓郁丰富的佳美红酒。但新酒只产在薄酒莱南部，除了用佳美葡萄酿制之外，还严格规定必须采用"二氧化碳浸泡法（Carbonic Maceration）"，即葡萄必须完全以人工采收，以保持完整。之后将整串完好的葡萄放入发酵槽内，让葡萄层层堆栈，利用其自身的重量，将下层的葡萄挤破、流出汁液，并与葡萄皮上的酵母混合而开始发酵。底层发酵得较快，会产生二氧化碳，形成上层葡萄隔绝空气的防护罩。由于以二氧化碳发酵，因此在发酵过程中不用担心过度氧化。

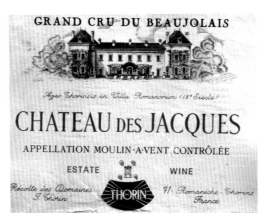

经过 4 ~ 6 天的"碳浸法"发酵之后，再榨汁取出酒液，继续进行一般的发酵程序，将糖分完全转化成酒精。整个酿造时间只要 3~5 天，完全不用在橡木桶内醇化。其优点是葡萄汁液中的单宁含量较少，但含有理想的色素与果香等物质，酒精浓度也比一般的葡萄酒低 2%~3%，只有 9%~10%，口感比较温和、柔顺。在法国只有香槟和薄酒莱新酒，才严格规定要完全以人工收成，也只有薄酒莱新酒采用碳浸法。

新酒酿成后，酒色透明，呈樱桃红或红宝石色泽，口感清新、温和，含有浓郁的果香（如草莓、小红莓、覆盆子、香蕉的香味），相当容易入口，其最佳饮用温度为 10~14℃，此时最能充分展现果香。也可加入一半冰水，趁冰凉饮用，此时色泽如红酒，而口感却如白酒般柔顺，是少数能用来当白酒喝的红葡萄酒。

薄酒莱新酒最好趁新鲜饮用，3 个月内风味最佳，一年后会变成酱油般的褐色，酒香全无。

值得注意的是，"薄酒莱酒"与"薄酒莱新酒"不同，新酒完全不须醇化，直接装瓶即可，且有季节限定。而薄酒莱酒必须醇化 1~3 周，如果是 Crus 级的好酒，就还要经木桶成熟，因此有人将其放了 10 年质量仍然不错。但这毕竟是少数，一般"薄酒莱酒"最好在 1~2 年内喝完（薄酒莱新酒在 3 个月内饮用风味最佳）。

贵腐甜葡萄酒

　　贵腐甜葡萄酒为德国的优质白酒产品，主要是让葡萄成熟、受到贵腐霉（botrytis cinerea）感染后，再逐粒或整串采收，制成甜度极高的白葡萄酒，故名。

　　贵腐霉是一种天然的、灰色的霉菌，必须早晚水气重、湿度够，霉菌才会滋长。然后在太阳尚未出现、浓雾笼罩、湿气极重的清晨，在白葡萄果实上蛀一个肉眼看不见的小洞，使果实慢慢失去水分，但不会腐坏。果农通常让这些已经成熟的葡萄留在树上7~10天，直到果实已失去95%的水分，成为半风干状态时才通过筛选，剔除熟透与不良品，逐粒或整串采摘，此即德文所谓的"逐粒精选（Berrenauslese，BA）"。更高级的"枯萄精选（Trockenbeerenauslese，TBA）"则是等葡萄长出贵腐霉（botrytis cinerea），且每粒葡萄都形销骨立、成为干巴巴的葡萄干时才采收。由于此时葡萄的含糖量、香味及酒精成分倍增，糖分已浓缩为糖浆，制成酒后，每升酒的含糖量大于50克，葡萄酒自然香甜且有后劲。尤其是"枯萄精选（TBA）"，每株葡萄树往往榨不到100毫升的果汁，其所酿成的酒呈深琥珀色，颜色浓郁，味道香甜，被喻为"液体黄金"，可见其珍贵。

每株葡萄榨不到 100 毫升果汁

贵腐霉甜葡萄酒之所以珍贵的另一个原因是"难得"。因为贵腐霉要到每年的九月底、十月初，即葡萄完全成熟之后才会滋生；而适合贵腐霉生长的条件，除了早晚水气重、有浓雾、湿度够之外，中午又必须阳光普照，葡萄才会自然风干。如果要等葡萄被贵腐霉侵蚀得很理想时再逐粒采收，就必须等待，且延迟收成期。而如此一来又要冒极大的风险，因为如果在将近收成时骤然下雨，或被闻香而来的鸟啄食殆尽，那么整年的心血便可能一夕之间化为乌有。除非果农日夜巡视，逐粒摘取被贵腐霉适当侵蚀的葡萄，但这样又极为费工、费时，可能不敷成本。

贵腐葡萄酒中的糖分是葡萄进行光合作用而产生的，如果阳光照射不足，则酿出的酒酸度会比较高，且酒精浓度低，口感不佳。所以有些酒农会在尚未发酵的葡萄汁中加入蔗糖，以提高酒精度，但这种"加糖增加酒精法"不能用来制造高级的德国甜白酒。

由于制造贵腐甜白酒的气候条件极为严苛，因此世界上只有几处多雾的河谷地才能生产，例如德国的莱茵河、摩泽尔河支流，法国加龙河（Garonne）河谷的苏特恩（伊甘酒庄产地），以及匈牙利的拓凯区（Takaji，以产 Takaji Essencia 闻名）。其中又以"枯萄精选（TBA）"的拓凯精华（Takaji Essencia）最受人称道。据说这是世界上最耐藏的葡萄酒，可存放 400 年。以前英国女王维多利亚每年生日时，奥匈帝国皇帝都会奉上一打同龄的拓凯精华酒，以博取其欢心。相传希特勒自杀身亡后，人们也在其寝室的桌上发现了一瓶"拓凯精华"，可见其名不虚传。

其中，"枯萄精选"的拓凯精华酒精浓度为 4.7%，伊贡米勒为 6%，伊甘酒庄为12%，以拓凯精华最低。拓凯佩佐斯（Pajzos）精华酒出厂价每瓶约600美元。

　　德国的法律规定，最好的白葡萄酒一定要由德国出产的"雷司令"葡萄酿造，而且要在标签上注明：雷司令含量至少占85%。只有一部分由席瓦娜（Silvaner）葡萄、米勒－图高（Muller–Thurgau）葡萄酿造，其中"米勒－图高"为雷司令与修万娜的混合种。

每年生产不到300瓶

　　德国天气严寒，故所产的葡萄酒85%为白葡萄酒，只有15%是红葡萄酒。其白酒有五大产区，都分布在莱茵河流域，包括摩泽尔河区（Mosel）、莱茵高（Rheingau）、莱茵黑森（Rheinhessen）、纳哈（Naha）、莱茵法尔兹（Rheinpfalz）。其中莱茵区的酒通常比摩泽尔区浓郁，其酒瓶为棕色，而摩泽尔区为绿色。摩泽尔河区生产的有："伊贡米勒枯葡精选（Egon Muller, Scharzhofberg, TBA）" "弗利兹·哈格园枯葡精选（Fritz Hagg, TBA）"，莱茵高生产的"约翰山堡冰酒（Schloss Johannisberg、Eiswein）"以

拓凯精华

及"罗伯威尔枯葡精选（Robert Weil、Kiedricher Grafenberg、TBA）"。

弗利兹·哈格园枯葡精选

　　贵腐甜白酒需要10年以上的成熟时间，酒质才会渐入佳境，有些甚至需要20~30年才能达到巅峰状态。一旦成熟，外观呈现金黄色，类似琥珀。其珍贵的另一个原因是产量太少，例如"伊贡米勒枯葡精选""约翰山堡冰酒"以及"罗伯威尔枯葡精选"，每年都生产不到200~300瓶，出厂价每瓶

约 3500 美元。"拓凯佩佐斯精华"出厂价则每瓶约为 600 美元。

德国优质白酒还有一种"冰酒（Eiswein）"，是把葡萄留在枝梗上，直到下雪当天清晨才采收，其等级略逊于枯萄精选（详情请见下文）。

贵腐甜白酒的最佳年份为 1921 年、1949 年、1975 年、1976 年、1989 年、1990 年、1992 年、1994 年、1997 年、1999 年、2005 年、2007 年、2009 年。

冰酒

　　顾名思义，"冰酒"就是让树上的葡萄冰冻之后采下，立即榨汁后制成的酒，此为德国的优质白酒之一，德文的"冰酒（Eiswein）"即英文的 icewine，但不是 ice wine。

冰酒：诞生在雪夜的精灵

　　制造冰酒（Eiswein）之前，果农必须先精选树上的葡萄，但不摘下来。必须等到 12 月或来年 1 月寒冬来临，当年第一天下雪的凌晨 2:00~3:00，气温降到 −8℃以下时才把握时间以人工采收。注意，这里说的是"−8℃以下"，其实最好是 −10~−13℃，因为温度越低，葡萄的含糖浓度越高；在 −8℃时，葡萄的含糖量约为 36%，−10℃时则提高到 43%，而 −13℃时可高达 52%。

　　人工采收后的冰冻葡萄必须火速送往酒庄榨汁，一切过程都要在日出之前完成。

此时葡萄因酷寒而脱水，缩小成原来的五分之一；葡萄中 95% 的水分都会结成冰，内部的糖分因而浓缩成液态。冻结的葡萄必须在解冻前立即进行压榨，再分离结成冰晶的水，释出液体部分。

　　第一次压榨的葡萄原汁所酿制完成的酒，就是真正的冰酒。每升含有糖分 220~256 克，比起一般在 9 月采摘、制成葡萄酒，无论是酒的糖度或酸度都高出很多。饮用之前先将整瓶酒放入冰桶内降温，将温度控制在 8~11℃，然后开瓶醒酒几分钟，让酒香充分散发出来再饮用，实在是一种高级享受，很受少女与贵妇的喜爱。

加拿大皮勒系列冰酒

但冰酒因为受到天气条件的限制，产量相对较少，价格也不便宜。因为年份好时，精选的葡萄虽然还留在树上，但很容易受到狂风、冰雹、鸟类和动物的袭击，或因此腐烂而大大影响收成。加上气温过低也会导致葡萄树死亡，有时天候太差，整片葡萄都被冻死，损失惨重。由于冰酒的生产过程充满风险，从采收、运输、压榨到装瓶，每个环节都需要在低温下完成，十分耗时、费力，所以每年的产量不一。

名副其实的"液体黄金"

德国、奥地利的冰酒多用雷司令酿造，在正常情况下，1千克的雷司令可以酿出600毫升的白葡萄酒，却只能制造50~100毫升的冰酒。由于产量少，所以冰酒的一般瓶装容量都只有375毫升，比红酒的750毫升少很多。

如前所述，德国与奥地利冰酒多用雷司令酿造，加拿大冰酒则大多由雷司令、维达尔（Vidal）、琼瑶浆（Gewurtraminer）或长相思酿造，酒精浓度为11%~12%，呈金黄色，带有类似蜂蜜的香甜气息，且酸甜和谐，还具有柠檬、杏仁、桃子、柑橘、菠萝或其他甜水果的风味，闻起来有时还有干果香。

冰酒的保存期为7~10年，最理想的饮用温度是14℃，适合在餐后搭配巧克力、甜点或水果干饮用。一旦开瓶最好在5天内喝完，以免变质。

冰酒的质量以德国、奥地利和加拿大产的质量最佳。德国最早酿造冰酒的酒庄位于莱茵河的约翰山堡的冰酒（Schloss Johannisberg, Eiswein），一株葡萄树可酿10种不同的酒，用10种不同的酒标，黑蓝底，中间天蓝镶边，相当醒目。最好挑选酒标上有QMP(最高质量)及Eiswein(冰酒)字样者，这才是最高等级

德国钻石冰酒

的德国冰酒。德国冰酒由干净的葡萄酿造，不含贵腐霉，与贵腐甜酒完全不同。

其他产冰酒的国家还有奥地利、加拿大与意大利。奥地利的甜葡萄酒产在匈牙利边界的诺伊齐地区，那里日照充足，湖边高湿，也是贵腐霉成长的温床，其知名酒庄有 A.Kracher、H.Lang、Knoll 等。

加拿大则是全世界最大的冰酒产地，主要产区在东部的安大略省南边，即与美国交界的尼加拉瓜半岛上，因为介于安大略湖与伊利湖（Lake Erie）之间，因有两大湖调剂，成为加拿大东部气候最温和的地方。完美的气候条件让葡萄有足够的成熟度，冬季又够寒冷，因此每年都能生产冰酒，不像德国和奥地利完全得看天吃饭，三年能收成一次就谢天谢地了。尼加拉瓜半岛上最知名的是云岭酒厂（Inniskillin），所产的冰酒也是加国冰酒的先驱。在加拿大买冰酒一定要认明酒标上是否有酒商质量认证联盟 VQA（Vintners Quality Alliance）字样，这样才有质量保证。还有，冰酒记得是 icewine，不是 ice wine（加冰的酒）。

冰酒的最佳饮用温度

2000 年加拿大皇家德马莉亚（Royal DeMaria）酒厂生产的霞多丽冰酒，因年产量仅有 60 瓶，每瓶标价 3 万加元而声名大噪，号称是当下世界最贵的冰酒。英国伊莉沙白女王 1982 年访问加拿大时也特别订购了 6 瓶。皇家德马莉亚酒厂成立于 1998 年，是新锐酒厂，完全靠老板自己摸索成名。

其他知名的甜葡萄酒还有意大利的文森特（Vin Santo）、西西里岛的马尔萨拉（Marsala）、法国阿斯蒂（d'Asti）的 Muscato 等。

甜葡萄酒一般都作为餐后酒，或作甜品之用，喝前要先冷藏酒瓶和酒杯才会好喝。一般应该将冰酒放在冰箱里冷藏，或者将酒瓶放入冰桶内降温，将温度控制在 8~11℃，这是饮用冰酒最佳的温度。在饮用前几分钟开瓶醒酒，使酒香能更充分地散发出来。

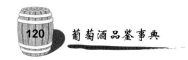
雪莉酒

多年来，英国人都习惯在圣诞夜开瓶雪莉酒庆祝，可能与莎士比亚在《亨利四世》里的一段话有关，他说："如果我有一千个儿子，当我教导他们做人的首要原则时，我会要他们放弃淡薄无味的平凡酒，并终生效忠于雪莉酒。"

在葡萄酒发酵后加入白兰地

雪莉酒是西班牙南部安达卢西亚（Andalusia）地区，赫雷斯（Jerez）周边城镇酿造的名酒。西班牙的相关法令规定，只有在由 Jerez de la Frontera, Puerto de Santa Maria, Sanlucarde Barrameda 三座城市所形成的三角区域，其所生产的葡萄酒才有资格称为"雪莉酒"。因为此三角区每年平均日照 300 天，葡萄的质量最佳。

雪莉酒是在发酵完成的葡萄酒中加入白兰地，以提高其酒精浓度（为 15%~22%），属于加烈酒。如果是在发酵过程中加入白兰地，就称为"波特酒"，稍后再做介绍。

大约 90% 的雪莉酒由巴洛米诺葡萄（Palomino），少数由佩德罗·希梅

内斯葡萄（Pedro Ximenez、PX）酿造而成，也可两种混酿。前者主要由新鲜葡萄酿造，从古至今均严格遵从每100千克榨出70升葡萄汁的规定；后者（PX雪莉酒）则由葡萄干制成，所以糖分浓缩，颜色较深。酿造完成的酒共分成五种，各有不同的口味与特色：Manzanilla辛辣、不甜，带有杏仁味；菲诺（Fino）清淡、不甜；Amontillado呈琥珀色、略甜，带有坚果味；欧罗索（Oloroso）为深棕色、较甜，带有坚果味；而Cream为淡奶油色、较甜。前三者的酒精浓度为15.5%，后两者较高，约18%；西班牙人多数喝不甜的Fino，较甜的Oloroso多数外销。两者的区别在于有无加入fior酵母菌协助发酵，这种酵母菌还有助于防止葡萄酒氧化。Fino因为加了fior酵母菌所以不甜，酸度也低，较细致；Oloroso不加fior酵母菌，味甜，颜色较深，带有坚果味。

　　雪莉酒的陈酿时间至少三年，采用的是独特的"索利拉（Solera）"系统，即在陈化过程中，将数个不同年份、装满三

分之二雪莉酒的橡木酒桶叠成数层，并稍微弄松木塞，故意让空气进入以利于氧化，之后便不再移动。最老到最年轻的酒，从最底层依序往上堆放。然后每年从最下层的酒桶中取出三分之一，装瓶销售；再取倒数第二层的酒填补最下层的空缺，使最底层的桶保持三分之二满。接着取出倒数第三层的酒注入倒数第二层，以此类推。

副牌酒与香槟、薄酒莱

每年新酿的酒全部倒入最上层的酒桶中，如此即可确保装瓶酒质量的稳定，风味香醇。

其中，Amontillado 雪莉酒至少在"索乐拉"陈酿 8 年，因此呈带金黄的琥珀色，香气复杂，包括巧克力味、橘子皮味、葡萄干味，并略带坚果味。

雪莉酒没有年份顾虑，但开瓶后要冷藏，并且要在两周内喝完。只有奶油雪莉酒（Cream Sherry）可以在室温下存放两个月。其中以西班牙赫雷斯（西班牙语 Jerez 即"雪莉酒"之意 Sherry）小镇的 Gonzalez Byass 及 Emillo Lustau 酒庄所产的雪莉酒最有名，出厂价为 30 美元。

波特酒

波特酒产自葡萄牙北部多罗（Douro）河口的小镇盖亚（Gaia），再运到波特港（Porto），波特酒就是以此港命名的。

酒精含量 20% 的烈性甜酒

波特酒主要是以当地所产的弗兰克多瑞加（Touriga Franca）葡萄，与其他品种的葡萄混合酿造而成。在发酵过程中按四份葡萄加一份白兰地的比例混装入桶，以阻止葡萄汁继续发酵，让其剩余的糖分达到 8%，成为一种含酒精 20% 的烈性甜酒。

波特酒分为桶陈波特（Wood Port）及年份波特（Vintage Port）两种。

桶陈波特乃新酒酿造完成后，在木桶醇化三年即装瓶，酒质较年轻，口感简单，富果香，价格便宜，买后立即可喝。可再

分为红宝石波特（Ruby Port）与陈年波特（Tawny Port）两种，陈年波特装瓶前已在木桶存放 4~6 年，有的甚至达 20 年，呈淡橘到琥珀色，口感复杂、细腻，有多重果香。

年份波特（Vintage Port）只在最好的年份生产，平均 10 年只有 2~3 年可以酿成，故价格较昂贵。其酒色浓黑，口

感醇郁，有干果味、甘草味、香料味、咖啡味、杏仁味，通常在橡木桶醇化 2 年，再放入瓶中至少 15 年陈酿最好喝；有的甚至可放 15~30 年，但只占产量的 2%~7%。

英国孩子的成年礼物

波特酒的最佳年份是 1945 年、1948 年、1955 年、1963 年、1970 年、1977 年、1985 年、1991 年、1992 年、1994 年、1997 年、2000 年，知名品牌有

Graham's、Fonsec、Taylor、Dow's、Quinta do Noval 等。其中 Quinta do Noval 的国家级（national vintage）年产量为 3000 瓶，1997 年及 2000 年都获得帕克 100 分的殊荣，出厂价约 1500 美元。

波特酒最好在开瓶后一周喝掉。欧洲人喜欢用波特酒配洛克福（Roquefort）羊奶芝士。英国人习惯在孩子出生那年购买波特酒，放到小孩子 21 岁时才打开庆祝，可以说是另一种"成年礼"。

第七章　怎样以合理价格享受美酒？

　　众所周知，贵的酒不一定好，也未必适合自己的口味；但真正好的酒一定不便宜，虽然其中难免有一些"操作"技巧在内，例如年度的名酒评分，以现代科技调整单宁或糖的比例等。不过只要循规蹈矩，不要把二军酒以正牌酒的牌价哄抬出售，真实反映应有价格，其实有些二军酒的质量并不逊色正牌酒多少，自饮、送人两相宜，尤其是初入门者，建议先品味法国二军酒，甚至"新世界"的美酒足矣。

　　"二军酒"又名"副牌酒"，可以现喝，对初入门或只想享用美酒的人来说，这种酒无疑"正中下怀"。因为一级好酒通常要醇放一、二十年才能达到高峰，别说等到流口水，光资金的积压就觉得不划算。当然，如果有钱投资、有时间等待就另当别论。

法国三大产区的名酒：波尔多、勃艮第与罗纳河谷

不可否认，过去几百年的葡萄酒市场一直是欧洲酒的天下，尤其是法国几家历史悠久的酒庄，其葡萄酒的质量与价值一直执世界牛耳，因此谈到"选酒策略"，理论上当然应以法国葡萄酒为优先。即使暂时不贮藏，也一定要对三大产区：波尔多、勃艮第、罗纳河谷有所认识，对每一家有代表性的名酒也应知道。这样当大家聚会喝酒时，起码可以作为聊天的话题，以后行有余力再享受或投资也不迟。

以下分别介绍波尔多、勃艮第与罗纳河谷的代表性名酒。前面的法文为品牌名，括号内的中文为产区名。

波尔多地区

1.Petrus（柏图斯）

2.Lafleur（柏图斯）

3.Le Pin（柏图斯）

4.L'Evanglile（柏图斯）

5.Clinet（柏图斯）

6.Vieux Ch. Certan（柏图斯）

7.L'Eglise Clinet（柏图斯）

8.Mouton Rothschild（波亚克）

9.Lafite-Rothschild（波亚克）

10.Latour（波亚克）

11.Pichon-Lalande（波亚克）

12.Pichon-Baron（波亚克）

13.Lynch Bages（波亚克）

14.Pontet Canet（波亚克）

15.Grand-Puy-Lacoste（波亚克）

16.Ducru-Beaucaillou（圣朱利安）

17.Leoville-Las-Cases（圣朱利安）

18.Leoville Poyferre（圣朱利安）

19.Saint Pierre（圣朱利安）

20.Gruaud-Larose（圣朱利安）

21.Beychevelle（圣朱利安）

22.Talbot（圣朱利安）

23.Cos d'Estournel（圣艾斯夫）

24.Montrose（圣艾斯夫）

25.Calon-Segur（圣艾斯夫）

26.Margaux（玛歌）

27.Palmer（玛歌）

28.Malescot-Saint-Exupéry（玛歌）

29.Giscours（玛歌）

30.Kirwan（玛歌）

31.Lascombers（玛歌）

32.La lagune（上梅多克）

33.Ausone（圣埃美隆）

34.Cheval-Blanc（圣埃美隆）

35.Valandraud（圣埃美隆）

36.Cannon（圣埃美隆）

37.Figeac（圣埃美隆）

38.Pavie（圣埃美隆）

39.Clos Fourtet（圣埃美隆）

40.Angelus（圣埃美隆）

41.Bellevue Mondotte（圣埃美隆）

42.La Mondotte（圣埃美隆）

43.Pavie Macquin（圣埃美隆）

44.Troplong Mondot（圣埃美隆）

45.Haut Brion（格拉芙）

46.La Mission Haut Brion（格拉芙）

47.Pape Clément（格拉芙）

48.Smith Haut Lafitte（格拉芙）

49.Haut Brion Blanc（格拉芙）

50.Pape Clement Blanc（格拉芙）

51.Haurt-Bailly（格拉芙）

52.Domaine de Chevalier Blanc（格拉芙）

53.Smith Haut Lafitte Blanc（格拉芙）

54.d'Yquem（苏特恩）

55.Climens（苏特恩）

56.Rieussec（苏特恩）

57.Guiraud（苏特恩）

勃艮第夜丘知名酒庄

1.D.R.C.Romanee-Conti

2.D.R.C.La Tache

3.D.R.C.Richebourg

4.D.R.C.Romanee–St–Vivant

5.D.R.C.Grands Echezeaux

6.D.R.C.Echezeaux

7.Henri Jayer

8.Domaine Georges Roumier

9.Domaine Joseph Drouhin

10.Domaine Dujac

11.Domaine Ponsot

12.Domaine Drouhin–Laroze

13.Domaine Armand Rousseau

14.Domaine Faiveley

15.Domaine Bouchard Pere & Fils（夏布利）

16.Domaine Comte Georges de Vogue

17.Domaine Dugat–Py

18.Maison Louis Jadot（蒙哈榭）

19.Domaine des Comtes Lafon （蒙哈榭）

20.Domaine Leflaive（马塔 – 蒙哈榭）

21.Domaine Leroy

22.Domaine Hubert Lignier

23.Domaine Laroche（夏布利）

24.Domaine Louis Latour（蒙哈榭）

罗纳河谷美酒

1.E.Guigal，La Turgue

2.Domaine Paul–Jaboulet Aine、La Chapelle

3.Domaine Jean–Louis Chave，Cuvee Cathelin

4.Domaine M.Chapoutier，L'Ermite

5.Chateau Rayas

6.Chateau de Beaucastel、Hommage a Jacques Perrin

7.Domaine Pegau、Cuvee da Capo

8.Clos des Papes

9.Delas Freres

10.Le Vieux Donjon

11.Domaine de Vieux Telegraphe

12.Domaine Mas de Boislauon

13.Domaine Grand Veneur

什么样的价钱才算合理

目前，世界酒市以法国波尔多五大酒庄顶级酒的平均价格为基准，再定出"二级酒"的价格。各大酒庄再依葡萄收成、酿制那一年的"年份"好坏来定价，虽然每年的出厂价有高有低，"酒评"出来之后又有一番变动，但大体上有一定的定价策略与标准。至于最近兴起的"新世界葡萄酒"，基本上也是唯法国葡萄酒庄马首是瞻。

影响定价策略的因素

一般而言，好年份的当年出厂价如定为800美元，则二级酒中比较贵的Leoville las case、Cos d'Estournel、Ducru Beaucaillou就定约四分之一价钱，即200美元。新世界的一级酒如果质量不输法国二级酒，价格就定在稍微低一点的160美元左右。但新世界同年份的酒不见得会跟法国的同时上市，有些可能会延后1~2年，有些甚至比法国早半年到一年，因此定价会依该区那年是否为"好年份"而略有考虑。例如2004年是澳大利亚的好年份，2007年则是美国的好年份，但2004年、2007年对法国而言只是一般年份，新世界葡萄酒的定价策略就与以往不同。

以2009年波尔多八大酒庄为例，其出厂价格从高到低依次是：柏图斯 > 奥松堡 > 拉图堡 > 拉菲堡 > 白马堡 > 玛歌堡 > 奥比昂堡 > 木桐堡。

1. "好年份"

　　"好年份"是葡萄酒好坏与定价的最主要因素。好年份的酒虽然资历浅，价格还是比高龄、年份不佳的酒贵，例如2005年的波尔多，就比2001年、2002年的贵一半。2007年因是超烂年份，当年买期酒的都赔钱。2008年的酒在2009年预购时，因逢全球金融风暴，中上质量的酒还是卖得非常便宜（跌30%~50%），当时买到的人都赚到了。2009年的酒在2010年预购时，因是超级特好年份(上次是1982年)，又逢金融风暴解除，波尔多五大酒庄出产的酒，定价就高达每瓶1000~1500美元。2010年的酒没有2009年的好，却因大家抢购，平均单价又上涨一成。2011年因不是好年份，价格又回跌50%。

　　可以肯定的是，如果确定是五大酒庄名酒，价格却异常便宜，那就可能是不好年份的产品。若以中级葡萄酒一瓶不足一百美元计算，则通常年份不好的波尔多名酒（如1997年）就应低于此价。这是一个基本的参考价格，由此亦可知不必迷信大牌。

2. 酒评影响期货酒价

　　酒庄一般会在出厂前两年卖期货酒，等到正式上市时，其价格会受到当年"酒评"分数的影响。如果被评为100分，则酒价立即上涨20%以上；若评分低，预购者就要认赔。例如，波尔多2007年上市的葡萄酒就比预购价低10%~20%，那是因为现货质量不如预期，帕克的酒评给予低分之故。帕克为美国《葡萄酒提倡者》杂志主编，其影响力非同寻常。他一年一度为全球百大好酒评分，以100分为满分，如果能得到98分以上，该酒价格立刻上涨，很多酒商也都根据帕克给的分数调整售价。

3. 人为拉抬影响

以前很少听说有人大量抢购、人为拉抬葡萄酒价格，例如在 2009 年以前，波尔多五大酒庄酒的价格都很稳定，每瓶平均为 300~600 美元。但 2009—2011 年，几乎五大酒庄的酒都涨了约一倍。当时我国国内流行喝红酒，而且以高级红酒干杯作为炫富手段，一次聚会可能喝掉一箱数万元红酒。当时一瓶拉菲堡的价格被哄抬至 2 万~3 万元人民币，令人咋舌。

不过人为拉抬价格是不可靠的，也不必跟着起哄。2013 年国内经济低迷不振，红酒热开始退烧，五大酒庄的酒价平均下跌 15%，先前在国内遭抢购的拉菲堡二军酒跌幅更达到 30%。所以买酒切忌追高，更不宜跟风。

4. 必要时可上网访价

不管高档或一般葡萄酒都有国际市场公认的合理价格，不宜成为炫富工具。可以收藏或与知己好友一起享受美酒，但不必以此作为赚钱的唯一手段，否则必将失望。因为即使是好年份的葡萄酒，几家大酒庄一次生产数十万瓶（如木桐堡每年动辄生产 36 万瓶），短期内的涨价空间很有限。通常名酒每年涨价 5%~10% 应属合理，除非被帕克改评为 100 分，否则酒价不可能一飞冲天。

如果想知道葡萄名酒的市场价格，可以上网 www.wine-searcher.com 查询。但购买后带回国通常要加 20%~25% 的运费及关税，加上以后酒价就八九不离十了。

2012 年世界最贵酒单前 50 名及价格

以下是"2012 年世界最贵酒单前 50 名"（Top 50 most expensive wines in the world, 2012）及价格，由最便宜的第 50 名：每瓶 894 美元，到最贵的每瓶 14395 美元。

前 1~50 名（平均每瓶按美元计价）

50. Domaine Armand Rousseau Pere et Fils 、Chambertin Clos de Beze（$894）

49. Domaine de Romanee Conti、Echezeaux（$907）

48. Charles Noellat、Richebourg（$908）

47. Quinta do Noval Nacional Vintage Port（$908）

46. Domaine Leroy、Corton-Charlemagne（$911）

45. Schrader Cellar Old Sparky Backoffer To Kalon Vineyard、Cabernet Sauvignon（$930）

44. Domaine Meo-Camuzet、Richebourg（$932）

43. Chateau Ausone（$938）

42. Domaine Armand Rousseau Pere et Fils 、Chambertin（$943）

41. Krug、Collection（$947）

40. Domaine Leroy、Clos Vougeot（$951）

39. Chateau Lafleur（$969）

38. Domaine Meo-Camuzet、Cros Parantoux（$1046）

37. Emmanuel Rouget、Cros Parantoux（$1079）

36. Krug、Clos du Mesnil（$1096）

35. Domaine Leroy、Latricieres-Chambertin（$1124）

34. Domaine de Romanee Conti、Grand Echezeaux（$1127）

33. Domaine de Romanee Conti、Romanee St. Vivant（$1152）

32. Seppeltsfield、Para Centenary 100 year old vintage Tawny（$1257）

31. J-F Coche-Dury、Meursault Les Perrieres（$1274）

30. Domaines Barons de Rothschild Chateau Lafite-Rothschild（$1288）

29. Domaine Leroy、Romanee St. Vivant（$1323）

28. Domaine Ramonet、Montrachet（$1373）

27. Domaine Leroy、Echezeaux（$1381）

26. Domaine George Roumier、Les Amoureuses（$1384）

25. Domaine Leroy、Clos de la Roche（$1449）

24. Domaine des Comtes Lafon、Montrachet（$1498）

23. Domaine de Romanee Conti、Richebourg（$1643）

22. Domaine Dugat-Py、Chambertin（$1664）

21. Domaine du Comte Liger-Belair、La Romanee（$1667）

20. Domaine Jean-Louis Chave、Ermitage Cuvee Cathelin（$1837）

19. Domaine Leroy、Richebourg（$1876）

18. J-F Coche-Dury、Corton-Charlemagne（$2087）

17. Domaine Leroy、Grand Echezeaux（$2120）

16. Domaine Faiveley、Musigny（$2212）

15. Domaine Leroy、Chambertin（$2281）

14. Le Pin（$2292）

13. Screaming Eagle、Cabernet Sauvignon（$2412）

12. Domaine de Romanee Conti、La Tache（$2553）

11. Krug、Clos d'Ambonnay（$2677）

10. Petrus（$2688）

9. Domaine Leroy、Musigny（$3007）

8. George et Henri Jayer、Echezeaux（$3648）

7. Domaine George Roumier、Musigny（$3848）

6. Domaine de Romanee Conti、Montrachet（$4293）

5. Egon Muller-Scharzhof、Scharzhofberger Riesling TBA（$5247）

4. Domaine Leflaive、Montrachet（$5264）

3. Henri-Jayer、Cros Parantoux（$5436）

2. Domaine de Romanee Conti、Romanee Conti（$11823）

1. Henri-Jayer、Richebourg（$14395）

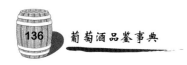

不同需要、不同阶段的选酒策略

选酒当然要先看产区，其次才是年份与价格，如果觉得价格偏高，又不想收藏，那就不妨先买同样产区或同一酒庄的副牌酒或二级酒（二级酒庄酿造的酒），以后再循序渐进。以下为世界著名的葡萄酒产区、波尔多二级酒庄及帕克打 100 分的波尔多酒，作为大家选购的参考。

波尔多二级酒庄

1855 年，世界葡萄酒博览会在巴黎举行，拿破仑三世要求酒商提供一份波尔多吉伦特河左岸酒庄的名单，以便评级。此评级制度沿用至今，152 年来基本上都没改变。经过百年发展，不少酒庄已超越当年的级别，除了五大酒庄外，二级酒庄所酿的酒有时也在盲目试饮大赛中击败"五大"。现今波尔多二级酒庄名单如下：

Chateau Raisan-Segla（玛歌）

Chateau Rauzan-Gassies（玛歌）

Chateau Durfort-Viven（玛歌）

Chateau Lascombes（玛歌）

Chateau Leoville-Las Cases（圣朱利安）

Chateau Leoville-Poyerre（圣朱利安）

Chateau Leoville-Barton（圣朱利安）

Chateau Gruaud-Larose（圣朱利安）

Chateau Brane-Cantenac（玛歌）

Chateau Ducru-Beaucailon（圣朱利安）

Chateau Pichoh-Longueville(Baron)
（波亚克）

Chateau Pichoh-Longueville-
Lalande（波亚克）

Chateau Cos d'Estournel(圣艾斯夫)

Chateau Montrose（圣艾斯夫）

2009 波尔多帕克评 100 分的酒

Beausejour Duffau-Lagreosse

Bellevue Mondotte

Clinet

Clos Fourtet

Cos d'Estournel

Ducru Beaucaillou

L'Evangile

Haut Brion

Latour

Leoville Poyferre

La Mission Haut Brion

La Mondotte

Montrose

Pavie

Petrus

Le Pin

Pontet Canet

Smith Haut Lafitte Rouge

2009 波尔多帕克评 99 分的酒

Angelus

Le Dome

L'Eglise Clinet

Hosanna

Lafite Rothschild

Lafleur

Margaux

Mouton Rothschild

Troplong Mondot

Vieux Chateau Certan

依自己的能力与需要决定选酒策略

如前所述，影响酒价的因素以"年份"及"酒评"占最大部分，但我们不必追逐流行，也不必追高，一切以自己的兴趣、能力与需要做选择，不必人云亦云。

先从副牌酒、二级酒下手或入门

波尔多酒首重年份（如2005年、2009年皆是好年份），且要知名酒庄，其次才考虑价格，不好年份的名酒，还不如好年份的副牌酒。其差别只在于副牌酒无法拿去拍卖，只能买了自己喝。

如喜欢波尔多左岸波亚克酒区的"拉菲堡"或"拉图堡"红酒，又觉得太贵舍不得买，就不妨考虑同酒区所产的二级酒，如 Pichon-Longueville-Baron 堡 或 Pichon-Longueville-Lalande 堡。若喜欢玛歌堡，就选玛歌酒区的帕玛堡（Chateau Palmer） 或 Chateau Raisan-Segla，或 Chateau Lascombes。

如喜欢右岸圣埃美隆酒区生产的白马堡、奥松堡，就选同产区 Figeac、Canon 的酒；喜欢格拉芙酒区生产的奥比昂堡，就选同产区 Pape Clément、Haurt-Bailly 等酒。

这些副牌酒或二级酒的葡萄产区、气候条件、土壤、葡萄品种都相似，只是酿

酒技术有差别而已。但价格低了很多，每瓶只需约 100 多美元，那又何必一定要名牌酒？虽然同产地各酒庄的酿造方式、葡萄比例略有不同，但能以三分之一价格品尝到七成差可比拟的味道，也聊胜于无了。

买酒评分数高者

买不起波默多酒区的柏图斯、花堡，那么建议改选：

（1）每瓶 300 美元的 Clinet 堡，此酒在 2009 年被帕克评为 100 分。

（2）波默多酒区的葡萄酒都充满花香，且酒质细腻，其出厂价只要 100 美元，通常这类红酒的质量都不差，可以试试看。

（3）波亚克 Chateau Pontet- Canet 的出厂价为每瓶 100 美元，2009 年被帕克

评为 100 分，市价立即上涨一倍。

（4）圣艾斯夫二级酒庄 Chateau Montrose 2009 年被帕克评为 100 分，后来价格由 150 美元上涨至 350 美元。

（5）圣埃美隆原来只有两家特等 A 级酒庄（即白马堡与奥松堡），2012 年新增两家即金钟堡（Chateau Angelus）和帕威堡（Chateau Pavie），出厂价为 300~400 美元，价格只及同产区白马堡的三分之一。

（6）帕威堡 2009 年被帕克评为 100 分，现在市价仅 400 美元，并不算贵。

勃艮第酒的评等差别大，投资小心

如果是用来投资，就最好选帕克评分 100 分，但不超过 300 美元的波尔多酒，升值空间较大，且利于久藏。帕克评分标准 96~100 分表示超级好，90~95 分表示非常好，80~89 分表示还不错，70~79 分表示马马虎虎，70 分以下表示就不行了。2008 年，Pessac-Leognan 酒区 Chateau Smith Haut Lafitte 被帕克评分为 100 分，当初售价才 70 美元；同样 100 分的圣埃美隆：2008 年，Heritiers Duffau-

Lagarrosse Chateau Beausejour 售价为 60 美元；2008 年，圣朱利安 Chateau Leoville Poyferre 被评为 100 分，售价也只有 86 美元，都不超过 100 美元。副牌酒除非是好年份，且被评为 94 分以上，否则无法久藏，没有投资价值。像圣艾斯夫 Chateau Cos d'Estournel 的副牌酒 Les Pagodes de Cos 2009 年被帕克评为 94 分，甚至高于小木桐、小拉菲，市价不到 100 美元才值得收藏。

值得注意的是，勃艮第酒的地雷颇多，少有投资价值，除非是 DRC 酒。

新世界好酒可以考虑

美国加州那帕的赤霞珠红酒，有不逊于波尔多名酒的实力，比如 Insignia、Opus one、Maya、Araujo 等，其出厂价均介于 200~400 美元之间，价格只有法国酒的 1/3~1/5，口味却不啻多让，每年坐收 15% 增值之利，所以并非非五大酒庄不可。澳大利亚的 Penfolds，Grange Hermitage（400 美元），智利的 Almaviva（100 美元）也颇有潜力。

近年来，法国唐·裴利农、泰廷爵、侯德乐水晶香槟的年份酒销售量激增，显示全球不乏投资者大批进货，专家预估香槟会是继红酒之后的下一波炒作标的，值得关注。

第八章　趣谈红酒投资与品味

　　根据观察，葡萄酒的年投资回报率大多维持在 8%~12% 的水平，绩效与基金、债券相比毫不逊色，甚至不遑多让。以投资波尔多好年份八大酒庄的葡萄酒为例，三年的投资回报率为 150%，5 年为 350%，10 年为 500%。尤其最近这几年，红酒价格一直在稳定增长，每年至少升值 5%~8%，且与金融市场波动的关联性小，不会暴涨、暴跌，因而成为欧美投资界的新宠。

FRITZ HAAG

2007
Brauneberger Juffer
Riesling Trockenbeerenauslese

MOSEL

顶级名酒如黄金

2006 年是葡萄酒投资回报率最好的一年，几乎高达 90%。2009—2011 年因中国市场的不理性需求，使法国八大名酒价大幅上涨近倍，2012 下半年则因涨多回跌 10%~20%。中国市场葡萄酒退烧后，预计下一个接棒市场是国民收入日渐增加的印度。有意投资者可参考 Live-Ex100，这是全世界交易量最大的葡萄酒价格综合指数，由伦敦国际酿酒商交易所编制，2001 年 7 月上市，指数的 100 种成分酒中，法国波尔多红酒占 94.62%，波尔多白酒占 0.85%，勃艮第红酒占 1.02%，香槟占 2.96%，意大利葡萄酒占 0.55%，每月将此 100 种名牌葡萄酒在二级市场交易均价变动情况编成指数。Live-Ex100 九年来指数涨幅高达 300%，和九年前黄金每盎司（1 盎司约合 31.1035 克）350 美元到 2010 年的 1100 美元几乎是相同的涨幅，所以有人说喝顶级名酒如同喝黄金一样，一点儿都没错。

如何投资红酒

注意，这里所说的投资标的为"红酒"，也就是红葡萄酒，而不是所有的葡萄酒系列。这是因为红酒有益于心血管健康，全球风行，而且红酒耐久藏，较有增值空间。

两大原则

一般投资红酒有两大原则

1. 要购买好年份且是一二级酒庄的酒

95% 的酒都没有投资价值，知名酒庄流通性大，顶级酒更是全球限量发行，物以稀为贵，自然后势走俏。同款的酒好年份与一般年份拍卖价格可能相差数万元。

2. 大瓶装、整箱酒较有价值

大瓶装分为 1.5 升、3 升、5 升、6 升四种，单瓶 0.75 升的酒除非是稀世珍酿，否则不易拍卖。拍卖酒基本上是以箱为单位，一箱为 6 瓶或 12 瓶，整箱酒且置放良好保存状态下，每年会有 10%~15% 的增值空间。保存在良好状态是指订购后一直贮藏在代理商库房，会更令买家放心，因为保存场所是维持葡萄酒高质量的基本条件。

四大管道

目前红酒投资管道有以下四大类。

1. 购买现货

直接到酒庄现喝现买，价格会比酒商便宜 2~3 成。如果请酒商代为订购，商家通常就会加上 10%~15% 的利润。但顶级酒还是需要在代理商处购买，因为一瓶难求，每家酒商都只能分配限量数额。好年份的酒第一批最便宜，之后价格会一批比一批贵。

2. 红酒期货

葡萄成熟、酿成酒后，波尔多五大酒庄会在次年的 4—6 月，开始对外出售葡萄成熟当年的"期酒"，买家付款后可取得存酒凭证，以备日后取货。期酒最终质量因尚未确定，所以价格一般会比现酒低许多，这中间的差价就是风险费，好年份的顶级酒几乎一推出就被全球酒商一抢而空。

一般而言，酒庄每年会先卖出 70% 的

售价 15% 的交易费用。

　　购买期酒资金至少会被套牢 2~3 年，一旦装瓶上市，又被帕克评为低分，则酒价立即下跌，或至少静止不动。例如，1997 年的拉菲堡期酒价钱太高，结果酒质并没有预期的那样好，推出后现酒价格反比期酒便宜。不过经过长期观察，期酒的风险并不高，抢进成本太高才会有风险。如果幸运的话，期酒装瓶后被帕克评为 100 分，那酒价很快会上涨 2~3 倍之多，那就赚到了。

3. 二手市场

　　一般可到酒商处购买，或到拍卖会、收藏家处取得，但必须花高价，相对的收益就低了。大部分顶级酒的买卖都通过二手市场流通，除了原产地外，世界葡萄酒最大交易市场在英国伦敦和美国芝加哥，近年来中国富豪崛起，就拍卖金额而言，2011 年我国香港已成为全球第一拍卖中心。苏富比或佳士得每季都有名酒拍卖会，买卖双方都要支付 15%~20% 佣金给拍卖公司。

酒，以方便资金周转；在付款 18~24 个月之后，买家即可拿到成品酒，或寄存在酒商处。剩下的 30% 等酒酿成后，再慢慢对外出售。购得的葡萄酒可以选择从法国运回，不过由于葡萄酒的储存条件很严格，对温度、湿度、光线、震动等都有严格的要求，在运送过程中可能造成酒的变质，因此投资者大多选择支付储存费外加保险，每年每箱 8~20 英镑不等，寄放在酒商处储藏，将来要出售，仅需将存酒凭证转手即可。如果是酒商代售，则一般是支付出

4. 葡萄酒基金

目前，全球葡萄酒基金大约有二十几支，其中，规模较大的是英国的顶级葡萄酒基金（Vintage Wine Fund）以及美酒基金（The Fine Wine Fund）。

前者（英国）的规模为 8000 万美元，投资门槛为 10 万欧元。从 2003 年成立至今，每年平均投资回报率约为 10%，其中以 2006 年和 2007 年的收益最高，达 24%。美酒基金成立于 2006 年，至今回报率平均为 67%，年平均回报率约为 15%。

葡萄酒基金除了每年收取 2% 的管理费外，并根据基金表现收取 15%~20% 的佣金。欧美也有直接投资专门的私募基金，回报率也相当可观。葡萄酒基金的投资年限通常在 5~10 年，届满前投资者可选择赎回基金或兑换葡萄酒。

法国兴业银行（SG Private Banking）有一支顶级葡萄酒基金（The Ultimate Wine Fund），固定在每年 1、2 月份葡萄收获后发行，规模约 300 万美元，门槛是 30 万美元，投资期 3~5 年。此基金的特点是把投资和收藏结合在一起，投资是以著名酒评家罗勃·帕克（Robert Parker）评比在 95~100 分之间，以波尔多或勃艮第 DRC 红酒为主要成分，有的则以萨克林（James Suckling）主编的《葡萄酒观察家（The Wine Spectator）》，每年推荐的"百大葡萄酒"为指南，并由专业的葡萄酒管理公司费克佛（FICOFO）负责选酒、储藏，以低于市价两成进货，收取年平均利润的 30% 为管理费。

最好以法国八大酒庄的名酒为目标

投资葡萄酒一般都以回报率与流通性高的法国八大酒庄名酒为目标，即：拉菲堡、拉图堡、玛歌堡、木桐堡、奥比昂堡及波尔多右岸的柏图斯、白马堡和奥松堡。此外，勃艮第产区 DRC 的名酒：罗曼尼·康帝、塔希（La Tache）、罗曼尼（La Romanee）、李其堡（Richebourg）等，也都是首选对象，但因产量实在太少，值得投资的酒占比例约只百分之一。帕克对勃艮第产区的葡萄酒不够熟悉，因此若选择投资勃艮第葡萄酒，可以以 Allen

Meadows 主编的《Burghound》评分作为参考依据。

前几年，由于中国经济快速崛起，拥有名酒成为财富与品味的象征，因此"半上流社会"的新富阶级纷纷以收藏八大酒庄顶级葡萄酒为傲人的资本，特别是拉菲堡、拉图堡与木桐堡（中国也有人称之为"武当堡"）。以拉菲堡红葡萄酒为例，10年（1999—2008年）内涨了850%，如今每年仍上涨30%。以1996年的拉菲堡为例，出厂价2000英镑一箱（12瓶），2010年竟涨到1.2万英镑。2008年好年份红酒一瓶在国内炒到3万~5万人民币，连2004年小拉菲每箱原本200英镑，都能炒到1800英镑，高过同年份的木桐堡。

2000年木桐堡一箱原价1200美元，2010年一箱已涨至2万~3万美元。2000年柏图斯价格从2004年12月的每箱12000英镑，上涨到现在至少5万英镑。1982年的拉图堡当初一箱只需400美元，2010年市场价是4万美元，增值100倍。2001年拉图堡出厂价每箱为1200美元，2005年涨为4800美元。拉图堡年产3万箱，每人限购20箱。年产6000瓶的罗曼尼·康帝，必须搭配买一箱12瓶、同属康帝酒庄的酒，才能分到1瓶。所以每次拍卖罗曼尼·康帝都是以瓶计，很少整箱拿出来。

葡萄园的种植面积基本上是固定不变的，所以顶级葡萄酒产量不多，酒庄每年的配额也很有限，熟客已经一箱难求，遑论投资。值得投资的顶级葡萄酒产量只占世界葡萄酒市场1%左右，从长期来看，顶级葡萄酒价格屡创新高，年份越久，数量越少，价格就越令人咋舌，这是因为喝一瓶少一瓶的缘故。

有些多金新贵为了取得某年份的名酒，以取悦红粉知己，还不惜重金以"你出价我就买"的方式，要求餐厅经理在全球搜罗罗曼尼·康帝，即使世上仅剩一瓶也要拿到手。结果不但一瓶酒换得一部名贵跑车的价码，居中牵线的经理还能得到一笔令人羡慕的佣金。这不是神话，而是米其林三星餐厅屡见不鲜的任务。卖一瓶酒能致富，其实就是忍受不喝美酒的代价。

再怎么说，一瓶刚上市的波尔多五大葡萄酒，其合理价值绝对不该超过 1500 美元，超过此数，买的只是名牌"虚荣"，但无论如何还是比买 Hermes、Chanel 服饰便宜许多。与艺术市场相比，一瓶顶级葡萄酒的价格与动辄千万美元的毕加索名画相比，简直是小儿科，所以大可不必对富者一掷千金、收购名酒的行为说三道四。木桐堡每年都请当代名画家为其酒标作画，也算是寓艺术于饮趣之中，难怪引得全球收藏者疯狂，即使空瓶也不愿割爱。波尔多五大名酒是如今新富阶级唯一想在宴客时见到的东西，好像不能一口气拿出一打木桐堡或拉菲堡让人喝到爽就不算是大亨。其实，法国从来没人拿好酒来干杯，通常四人喝一瓶浅尝即可。但有些喜欢跟风的暴发户喜欢拿名酒来干杯，简直是暴殄天物。某些国人甚至不管年份，只要是拉菲堡就不计血本买下，其实，2001 年的拉菲堡在盲目品酒会中还比不过第三世界酒庄的好酒。盲目品酒会就是事先不告诉饮者所喝的酒牌，以免人云亦云，或受名牌所惑。

迎合评审口味也获得高分

1976 年和 2006 年在巴黎举办的两次盲目品酒会中，美国纳帕谷（Nappa Valley）的葡萄酒都打败了法国名酒，可见经过多年励精图治，美国酒已有不输法国酒的实力，澳大利亚的彭福酒庄（Penfolds）也是如此。但这些新世界的葡萄酒在市场上相对还是较冷门，只能伺机出售，不像法国酒随时都有行情，流通性高，而且葡萄酒已成为法国文化的一部分，承载着历史文化的价值。新世界酒厂也许可以利用现代工艺，酿造出与法国八大酒庄同样口味的葡萄酒，但其历史文化价值却无法相比。正如同 Lexus 汽车虽然各种条件都不输奔驰，甚至有过之而无不及，但仍无法超越历史悠久的德国工艺价值，所以反映在售价上就差了一大截。

就目前而言，评分较具公信力的葡萄酒杂志有：《葡萄酒提倡者》（Wine Advocate）、《葡萄酒观察家》（Wine Spectator）及《醒酒家》（Decanter）。其中美国的《葡萄酒提倡者》《葡萄酒观察家》都是 100 分制，基本分为 50 分，最高分为 100 分，级距为 1 分。英国的《醒酒家》则是以一颗星到五颗星替葡萄酒打分数，最高五颗星，最低半颗星，星星越多，评价越高，以半颗星为级距。

美国《葡萄酒提倡者》由帕克主编，影响力非比寻常。他一年一度为全球百大好酒评分，以 100 分为满分，如果能获帕克青睐，得到 98 分以上，该酒就可能在一夜之间，从默默无闻变为全球投资的焦点。事实上，帕克的评分一变动，确实会造成酒价波动，很多酒商也都根据帕克给的分数调整售价。有些酒庄为了取得高分，往往顺从评审的口味，用成本很高的全新橡木桶，且换桶两次，以酿造出醇厚却毫无个性的"比赛酒"，因此被讥讽为"帕克酒"。

这种"比赛酒"又被称为"车库酒（Vin de Garage）"，始作俑者为图内文（Jean-Luc Thunevin）。他于 1989 年在波尔多圣埃美隆买下一小块葡萄园，葡萄收成后就在地下室的车库间酿酒，两年后（1991 年）以瓦兰道堡（Chateau

Valandraud）问世，年产 1500 瓶。1995年被帕克评为 95 分，并不逊色于同年的柏图斯，从此身价大涨，日本人称之为"灰姑娘酒（Cinderella wine）"。其后一些小酒庄，如 La Mondotte、La Gomerie、Le Dome 也跟进，成为市场新宠。他们的共同特色是：产量少，规模不大，每公顷产量控制在 3500 升；延迟采收，使葡萄在架上熟透；发酵前长时间低温浸皮，并以逆渗透系统浓缩葡萄汁，使其微量氧化后，再注入微气泡；陈酿过程中置换全新橡木桶两次。想不到这些取巧手法全获得帕克的高分肯定。

投资者纷纷将眼光转向美、澳等新势力

众所周知，30 年以上的老葡萄树才能酿出好的葡萄酒，而葡萄树的平均寿命约 100 年，到了 60 岁以后果实就大为减少，所以顶级葡萄酒产量不是想提高就能提高的，一旦供不应求，价格自然水涨船高，甚至令人望而却步。有鉴于此，越来越多的投资者不得不把目光转向新世界国家出产的葡萄酒，特别是美国、澳大利亚与智利。例如加州蒙大维酒庄（Robert Mondavi）、飞普斯酒庄（Joseph Phelps）、啸鹰园（Screaming Eagle）以及澳大利亚的彭福酒庄（Penfolds），其生产的葡萄酒都足以与法国一级酒庄匹敌。

法国木桐堡在智利生产的 Almaviva，以及加州蒙大维在智利生产的 Opus one 的姊妹作 Sena，两者如今的出厂价都不到 100 美元，假以时日应可到达 200 美元，值得投资。

以 Opus one 为例，1984 年的出厂价每瓶 60 美元，如今已达 200 美元。意大利的酒因葡萄品种多属内比奥罗（Nebbiolo），与法国不同，所以口味迥异，通常认为属于餐桌酒，没有投资价值。但 1990 年 Gaja、Sori Tildin 被《葡萄酒观察家》评为 100 分后，后市看涨，出厂价约 400 美元。西班牙 Dominio de Pingus 2006—2008 年份的酒，在美国有开出红盘价 700 美元，未来值得期待。

在法国，葡萄酒的质量由"年份"所控制，完全不能施以人工调节。相反的，较不受传统拘束的新世界，遇到不利于葡

萄生长的气候条件时，往往靠科技改变葡萄的生长环境，以提高酒的质量，因此较不易受年份的影响。例如日照不足时，可以调整葡萄叶面的受光部分；雨水不足，就用自动浇水管滴灌；夜间气温过低，可以启动暖器设备，避免葡萄冻伤。

此外，新世界酒庄甚至能在葡萄采收完后，再以人工方式修补。譬如葡萄不够成熟、糖分不足时，就在发酵过程中加糖，以防酒精浓度不足；葡萄的酸度不足时，就加入酒酸提升。甚至连葡萄的"骨架"单宁缺乏，也可以加入单宁粉。

新世界酒庄不拘泥于传统束缚，自然不必看天吃饭，不但产量保持稳定，而且也能确保质量。法国有些酒庄在年份不好的时候，将好年份的酒与不好年份的混酿，调出口感不错的酒，缺点是保存期较短，一般只能存放 5~6 年。而好年份的葡萄酒，则可以存放 20~40 年甚至更久，在投资时就要慎选这类具有投资价值和升值潜力的好酒，当然投资正牌好酒的花费比较多，资金也必须压久一点才能回本。

如果囿于财力，投资酒体丰厚的新世界葡萄酒也不失为一种方法。新世界葡萄酒虽没有波尔多葡萄酒那么细腻、变化多端，但价格合理是一大利基。也有投资客买进二军酒，像拉菲堡的 Carruades de Lafite、木桐堡的 The Petite Mouton、玛歌堡的 Pavillon Rouge du Chateau Margaux、拉图堡的 Les Forts de Latour、白马堡的 Le Petit Cheval、奥比昂堡的 Le Clarence de Haut Brion、奥松堡的 La Chapelle de Ausone 等，价格都只有正牌酒的五分之一，只要是好年份（如 2009 年、2010 年）都有 92~96 分的实力，投资、自饮两相宜，能卖最好，不能卖就留下自己喝，反正不是天价，即使不能赚大钱，至少不会损失很大。中国的富豪近年来的投资也由五大酒庄转移至五大副牌，也是考虑到价格因素。难怪 2011 年时五大副牌应声大涨，又因涨过头而在 2013 年大跌，尤其是在中国内地市场，狂跌高达 20%~30%，让当初盲目追高者摔了一跤。所以说投资葡萄酒要先做好功课，不能人云亦云，这样才会有收益。

帕克精选：全球质量最好的十二种葡萄酒	
年份	好酒
1975	La Mission−Haut−Brion
1976	Penfolds Grange（澳大利亚）
1982	Château Pichon−Longueville Comtesse de Lalande
1986	Château Mouton Rothschild
1990	Paul Jaboulet Aín é Hermitage La Chapelle
1991	Marcell Chapoutier Côt é −Rôtie La Mordor é e
1992	Dalla Valle Vineyards Maya Cabernet Sauvignon
1996	Château Lafite−Rothschild
1997	Screaming Eagle、Napa Valley Cabernet Sauvignon
2000	Château Margaux
2000	Château Pavie St.−Émillion
2001	Harlan Estate

第九章　20世纪梦幻美酒

如何挑选葡萄酒对很多初入门的买家来说是个很头疼的问题，因为需要考虑的因素很多，比如产地产区、性价比、个人口感喜好、葡萄酒的场合用途等。其实最简便的方法就是参考一下一些知名葡萄酒杂志或资深品酒家的推荐，这样可以省去不少时间与精力。

知名葡萄酒杂志的品牌推荐

　　除了帕克选出的 12 种最好葡萄酒之外，前面还提到多种顶级美酒，但因为每个人的口味与喜好不同，有的喜欢红葡萄酒，也有人独钟于白酒、香槟或甜酒，有人只收藏法国波尔多五大酒庄的顶级葡萄酒，不过也有人喜爱美国或澳大利亚等新世界国家酿造的好酒。正如那句老话：“萝卜青菜，各有所爱”。因此所谓“梦幻美酒”，其定义当然会有一些差异。

　　譬如《葡萄酒观察家》杂志，就在 1999 年 1 月 31 日的封面故事中，选出从 1900—1999 年这 100 年间（即 20 世纪）12 瓶“梦幻之酒”（见右表）。

　　此外，《醒酒家》杂志也推荐“一生必喝的百款葡萄美酒”，除了列出前十名的酒款外，另分成波尔多区、勃艮第区、阿尔萨斯区、香槟区、卢瓦尔河区、罗纳河谷区、法国其他地区，以及意大利、德国、澳大利亚、北美洲、西班牙、匈牙利、奥地利、新西兰，另将波特酒／加烈酒单独列出来，特别推荐。

《葡萄酒观察家》推荐的 20 世纪梦幻美酒
Chateau Margaux 1900
Inglenook Napa Valley 1941
Chateau Mouton-Rothschild 1945
Heitz Napa Valley Martha's Vineyard 1974
Chateau Petrus 1961
Chateau Cheval-Blanc 1947
Domaine de la Romanée-Conti Romanee-Conti 1937
Biondi-Santi Brunello di Montalcino Riserva 1955
Penfolds Grange Hermitage 1955
Paul Jaboulet Aine Hermitage La Chapelle 1961
Quinta do Noval Nacional 1931
Chateau d'Yquem 1921

行家心目中的 17 款美酒

葡萄酒的投资可算是"乱世赚钱术"中的一环，几乎所有行家都会推荐下列 17 款"梦幻美酒"，即"红酒之王"罗曼尼·康帝，之后依次为：柏图斯、花堡、拉菲堡、里鹏（Le Pin）、木桐堡、拉图堡、玛歌堡、奥松堡、奥比昂堡、白马堡、澳大利亚代表酒：彭福、意大利代表酒 Gaja、加州鹰啸膜拜酒（Screaming Eagle）、蒙哈榭、伊甘酒庄及夏布利·顶级布兰硕。

不仅如此，还提供"平民美酒"，约 33 美元以下的酒可以独享，33~65 美元的中级酒可与家人共享，近百美元及以上的酒才与好朋友一起庆祝。

以下先介绍行家心目中的梦幻美酒。

1. 红酒之王：罗曼尼·康帝（La Romanee-Conti）

罗曼尼·康帝酒庄历史悠久，声名显赫，早在 1760 年之前就闻名于勃艮第。当时法皇路易十五的情妇庞芭杜夫人看上这个酒庄的价值，与亲王康帝公爵争夺经营权。不料公爵不惜以重金取得，使庞芭杜夫人黯然退出，从此不再过问红酒市场，专攻"唐·裴利农"香槟。康帝公爵也因拥有"世界最贵的酒庄"而声名大噪，使得王公贵族、富商巨贾趋之若鹜，等于做了最好的宣传。时至今日，连酒评家帕克都语带玄机地说，罗曼尼·康帝出产的酒只有"亿万富豪才消费得起"。

当然，罗曼尼·康帝酒庄也不是浪得虚名。其在勃艮第夜丘的葡萄园占地只有

1.8公顷，每公顷平均种植葡萄树10000株，年产量只有6000瓶，平均每3株葡萄树才能酿造一瓶罗曼尼·康帝酒。量少而精，质量又受到肯定，价格当然水涨船高。若与另一家知名酒庄"柏图斯"比较起来，罗曼尼·康帝的占地面积仅其六分之一，产量却只有其十分之一，可见产量之少。

其价值可比汽车界的劳斯莱斯

罗曼尼·康帝的主要成分是黑品诺，由于富含单宁，成熟之后味道醇厚而细致，能完美展现黑品诺那迷人的特质与丝绒般的口感。尤其带有玫瑰、石榴、樱桃、皮革、松露的香气，馥郁持久，内敛沉稳，少了一份张扬，多了些优雅和高贵，有人形容其幽香犹如刚要凋谢的玫瑰，好像是天神返回天堂时遗忘在人间的宝物。还有人说，一瓶罗曼尼·康帝的价值就足以匹敌波尔多八大酒庄的任何名酒，其在红酒界的地位就好比汽车界的"劳斯莱斯"。若说是当今全球最贵、私人藏家之梦幻名酒与镇窖之宝也不为过。

不过罗曼尼·康帝酒庄也不是一开始就一帆风顺，事实上在19–20世纪分别经历了一次大劫难。最早是1866年受到北美葡萄苗根瘤蚜虫袭击，葡萄园几乎全被摧毁，酒庄只好不计血本，使用当时颇为昂贵的化学肥料，以取代天然堆肥，使罗曼尼·康帝逃过一劫。接着是1945年春天，一场大冰雹也差点毁了庄园老藤，所幸次年从同一血统的兄弟庄园塔希（La Tache）园中剪取葡萄苗重植，才救了回来。奇妙的是，塔希园1890年也受到根瘤蚜虫侵犯，全园的葡萄树被铲除殆尽，那时也是从罗曼尼·康帝庄园运来树苗，重新种植而成，两家可以说是互相援引，谁也不欠谁人情。

此外，在1946–1951年，罗曼尼·康帝也因故停产了5年，直到1952年才又恢复生产。所以说坊间如果出现1946年、

1947 年、1948 年、1949 年、1950 年、1951 年份的罗曼尼·康帝酒，那一定是伪造的。

罗曼尼·康帝所属的沃恩·罗曼尼村，共有 7 座顶级（Grand Cru）酒庄，其中康帝酒庄除了罗曼尼·康帝园（Domaine de La Romanee Conti，简称 DRC）外，还拥有 6 公顷的塔希园。其他 5 座顶级庄园分别是：李其堡、圣维望之罗曼尼（La Romanee Saint-Vivant）、大依瑟索（Grands Echezeaux）、依瑟索（Echezeaux）及专产不甜白酒的蒙哈榭（Le Montrachet）。罗曼尼·康帝园的酒装瓶后，4~5 年即成熟，不像波尔多名酒常需 10 年才适宜饮用。

买 12 瓶别种酒才能搭配一瓶

罗曼尼·康帝酒的最好年份是 1983 年、1986 年、1995 年、2003 年、2008 年，1986 年被帕克评为 100 分（每瓶约 9000 美元）。

因为产量稀少，罗曼尼·康帝一向采用搭售方式，要买一箱 12 瓶同属康帝酒庄的酒，才能分到一瓶罗曼尼·康帝。陈酿的木桶是全新的橡木桶，原木风干 3 年后才制桶。现今出厂价每瓶为 3500~4000 美元。

罗曼尼·康帝酒庄附近的名酒尚有：

塔希园（La Tache）

以黑品诺酿造，和罗曼尼·康帝有同样的血统，带有丰富的果香与紫罗兰花香，年产 2 万瓶，推荐年份为 1979 年、1990 年、1999 年、2009 年，出厂价平均每瓶 2000~3000 美元。

李其堡（Richebourg）

rich 意为有钱的，bourg 意为村庄，意思是有钱人的村庄。也是和罗曼尼·康帝有同样的血统，口味也相近，以黑品诺酿造，年产 12000 瓶，有丰富的果香、紫罗兰花香以及松露味。推荐年份为 1979 年、1990 年、1999

年、2009 年，出厂价平均每瓶 1500~2000 美元。

圣维望之罗曼尼（La Romanee Saint-Vivant）

以黑品诺酿造，葡萄园半数在康帝园，年产量 5 万瓶，其中康帝园产 3 万瓶，质量最佳。此外，勒罗伊（Leroy）所酿的酒年产量只有 3000 瓶，最为珍贵。推荐年份为 1979 年、1990 年、1999 年、2009 年，出厂价平均每瓶 1500~2000 美元。

大依瑟索（Grands Echezeaux）

以黑品诺酿造，年产 34000 瓶，其中康帝园所产的有 10000 瓶，口味和罗曼尼·康帝相近，果味丰富，带有紫罗兰花香，许多喝不起罗曼尼·康帝的人都将其视为比拟酒。推荐年份为 1979 年、1990 年、1999 年、2009 年，出厂价平均每瓶 1200~1500 美元。

依瑟索（Echezeaux）

以黑品诺酿造，有榛果味，年产量 18 万瓶，其中以康帝园年产的 16000 瓶最佳。

依瑟索新酒酿好后，每五桶一起倒入不锈钢槽内混拌后才装瓶，这种"混桶法"可使每瓶酒的质量差异不致太大，出厂价平均每瓶 1000 美元以上。依瑟索和大依瑟索的区别是后者较耐藏，也需较长的成熟期。

2. 柏图斯

柏图斯（Petrus）是法国波尔多最小酒区波默多的名酒，原本只排名第五（波默多地区），后来在巴黎博览会勇得金牌奖，一举成名。加上鲁芭夫人（Mam.Loubat）苦心经营、努力宣传，20 世纪 40 年代终于打进英国皇室社交圈，成为英王伊莉莎白二世订婚时的喜酒。19 世纪 60 年代又受到美国总统夫人杰奎琳·肯尼迪的垂爱，终于咸鱼翻身，成为华府社交圈的名物，在国外大放异彩，酒价排名世界第二。可惜在法国国内一直仅被列为"Grand Vin（好

酒）"等级，无法在酒标上印上"Grand Cru（顶级酒）"。

酒价世界第二却不算顶级

据说柏图斯中的"Pet"是 Peter 的意思，指耶稣十二门徒之一的圣·彼得。其酒标上的人像手持一把钥匙，就是象征喝了这款酒之后就能开启天堂之门，飘飘欲仙，至少也有上天堂的感觉。

波默多的葡萄园面积只有 12 公顷左右，其所出产的柏图斯葡萄酒却能广受名人青睐，原因之一可能与特殊的地质环境有关。这块狭小的土地表层为纯黏土，中层是砾石，地下深处则为含氧化铁的石灰土，排水功能良好。其中的 95% 种植梅洛品种的葡萄，5% 种植"品丽珠"，平均树龄 40~50 年，最高龄者已达 80 年，年产量 4 万瓶。每年所酿造的酒以梅洛为主，品丽珠只作勾兑之用。如果当年收成的品丽珠质量不够好，就宁可完全不用，也不愿因此影响人们对柏图斯的评价。

"用心"也是柏图斯质量优异、受人肯定的原因之一。由于露水会降低葡萄酿

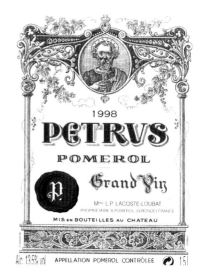

制完成后的酒精浓度，因此该酒区通常在下午，阳光已晒干前夜的露水与晨雾时，才一次雇用 200 名工人，在一两天之内采收完所有葡萄，以确保质量一致。听说 1992 年采收时，因葡萄上仍有湿气，产区还不惜血本雇一架直升机停于葡萄园上空，以螺旋桨旋转时的强大风力，吹干所有葡萄后再采收，一时成为美谈。

此外，柏图斯虽然以梅洛为主要酿酒成分，但在发酵过程中，每隔 3 个月就将其移至不同材质的全新木桶中，醇化期长达 20~22 个月，且坚持要贮藏 10~20 年，而不像其他品牌只成熟 5 年。难怪滋味特别醇厚，而且颜色强烈，香味复杂，共有松露、巧克力、牛奶、花香、黑莓等气味。

加上单宁含量适当，酒质细致，会随着时间推移而演化出魅力无穷的特质。有人说即使是年份最差的柏图斯，如1984年出产的那一批，也非最佳年份的拉菲堡（1982年）所能望其项背。

最差年份也比其他品牌好

柏图斯好的年份是：1982年、1989年、1990年、1998年、2000年、2001年、2003年、2005年、2009年、2010年。1921年、1929年、1947年份者每瓶约8000美元，1961年份每瓶约10000美元。

被帕克评为100分的年份有：1989年、1990年、2000年，每瓶约5000美元；2009年每瓶约4000美元，2010年每瓶约3500美元，但其出厂价每瓶只约2000美元。

1982年柏图斯在美国纳帕谷投资"多米纳斯（Dominus）"酒庄，以赤霞珠为主，生产的多米纳斯也属顶级名酒，出厂价每瓶只约150美元，买不起柏图斯（Petrus）美酒者，不妨考虑此替代品牌。

3. 花堡（Chateau Lafleur）

"花堡"即"拉弗尔酒庄"，因为法文"拉弗尔"就是"花"的意思。拉弗尔酒庄也在波尔多波默多区，与柏图斯堡只差200米，其口味几乎为柏图斯的翻版，但口味比较清淡，果香芬芳而细致，是波默多区唯一可以和柏图斯抗衡的酒。

品质可与柏图斯媲美

拉弗尔酒庄占地4.5公顷，一半种植梅洛，另一半种植品丽珠，树龄平均为37岁。发酵后的醇化期为18~22个月，60%用新桶，年产量12000瓶，平均每公顷只出产2600升，主要是品管严格、淘汰率高，只要产品不符合标准就不出。例如

1987 年就将酿成的葡萄酒全部打入二军酒行列，以 Pensees de Lafleur 之名上市，其对品牌的重视可见一斑。

帕克评为 100 分的年份是：1945 年（每瓶约 9000 美元）、1947 年（每瓶 9000 美元）、1950 年（5000 美元）、1975 年（3300 美元）、1982 年（3900 美元）、2000 年份（1800 美元）、2009 年（每瓶约 1800 美元）、2010 年（每瓶约 1500 美元）。与同期的"柏图斯"相比，价钱大约只有其一半，不妨多一种选择。

> 花堡的推荐年份是：1945、1947 年、1950 年、1961 年、1975 年、1979 年、1982 年、1990 年、2000 年、2003 年、2009 年、2010 年。

4. 拉菲堡

拉菲堡有着非常"辉煌"的历史。早在 17 世纪早期就已经外销到英国，成为当时首相沃波尔（Robert Walpole）的最爱，每 3 个月就派人拿回一桶，此种偏好一直持续到 18 世纪的路易十五时代。1855 年拉菲堡参加万国博览会，排名第一。

历史辉煌，产量也大

在 2001 年的佳士得拍卖会上，1885 年 4 瓶装（Double magnum）、容量 3 升的拉菲堡酒，以 27500 英镑拍出。一瓶 1787 年、有美国第三任总统杰弗逊签名的酒，在伦敦佳士得拍卖会上被富比士杂志老板以 105000 英镑的高价标到，一度创下全球最贵葡萄酒的记录。

拉菲庄园位于波伊亚克北方的山丘上，占地 90 公顷，是五大酒庄中最大的一家，每公顷种葡萄树 8500 株，其中赤霞珠占 70%、梅洛 25%、品丽珠 3%、小维铎 2%，树龄平均 50 年。一到采收期就一次雇用 250 名工人，以人工严选，品管严格，

平均每株葡萄树只生产半瓶葡萄酒，在全新橡木桶中陈酿18~20个月才问世。因为占地广大，所以年产量仍有20万瓶之多。

拉菲堡的酒质平顺，大约存放十年后才能呈现其真面貌。酒中带有紫罗兰、橡木桶、黑醋栗与古巴Cohiba雪茄味，但酒体没有拉图堡、木桐堡那么重。

拉菲堡酒的最佳年份为：1982年、1986年、1996年、2000年、2003年、2005年、2009年、2010年，出厂价每瓶约1500美元。其中1986年每瓶约1800美元，1996年每瓶为2000美元，2003约为1500美元，2010年每瓶约为1500美元。

被帕克评为100分的年份有1982年、1986年、1996年、2000年、2003年份，其中以1982年最具收藏潜力，每瓶为5800美元，帕克认为最适饮期为2070年，而1974年以前的拉菲堡乏善可陈。

中国内地最多"旧瓶装新酒"

值得一提的是，拉菲堡大受中国新贵欢迎，以致假酒充斥市场。酒庄为了防伪，从1996年之后，所有酒瓶的底部都设有凸出年份数字，或五支箭家徽。即便如此，还是无法杜绝造假，据说目前在中国内地流通的拉菲堡70%以上都是赝品，但酒瓶都是真的，只是装的是同产区三级酒庄的产品，这也印证了"旧瓶装新酒"这句老话。

拉菲堡的副牌是"小拉菲"（或译为"拉菲珍宝"），1994年以前和正牌质量相差极大，1998年以后经过大幅改善，2000年的最有正牌风格。出厂价每瓶约300美元。

5. 里鹏

里鹏酒庄位于老色丹堡（Viex Chateau Certan）附近，距离柏图斯酒庄不远，土质也几乎相同，但占地只有2公顷，小到不能称为"堡"，所以酒标里没有Chateau这个词。

有些年份的里鹏胜过柏图斯

里鹏中的Pin是松树之意，园区中种

植的葡萄90％是梅洛，其余为卡本内·弗兰，树龄平均30年，每公顷产量2500升，年产酒约6000瓶，和罗曼尼·康帝的产量相当，但酒质类似柏图斯。过去曾有品酒家以13个同样年份的里鹏与柏图斯产品做"盲目评审"，结果发现里鹏有9个年份胜过柏图斯，可见其酒质颇具水平。

一般认为，里鹏的酒体不如柏图斯浓厚，但充满果香、橡木香及略焦味，层次感丰富。帕克认为里鹏最适宜在第10~12年时饮用，也有评酒家认为里鹏不如老色丹堡，只因其产量稀少，才被炒作成天价（在波尔多仅次于柏图斯）。

酒评家认为里鹏的最佳年份为1982年，每瓶约8600美元，1989年约3000美元，1990年4700美元，2000年5000美元，2005年3600美元，2008年每瓶约2000美元。

被帕克评为100分的是1982年，每瓶约8600美元；2009年每瓶约3800美元。其出厂价每瓶约2000美元。

6. 木桐·罗基德堡（Chateau Mouton Rothschild）

木桐酒庄是梅多克酒区的波亚克内三大酒庄之一，Mouton是"绵羊"之意，可能是该酒庄原本位于适合牧羊的小山丘上。1855年波尔多葡萄酒第一次分级时，木桐被列为第二等级，后来力争上游，1973年农业部长，后来成为法国总统的席哈克颁发命令，破例将其升格为波尔

多第五家顶级酒庄（原本四家是拉菲堡、拉图堡、奥比昂堡及玛歌堡）。

庄园主立志升为一级酒庄

1855 年波尔多红酒分为五级，木桐在二级酒庄中排名第一，就好像考试考了 89 分一样，只差 1 分便可排入一级。当时庄园主菲利普男爵十分不服气，特别写下座右铭："虽然未能成为一级，但我不认为是二级，这就是木桐。"从此自强奋进，多年后终于荣登一级。菲利普男爵因而将其名句改为："曾经二级，如今第一，但木桐始终不变。"

同时将其印在 1973 年的酒标上。可惜当年不是好年份，帕克只给了 65 分，不过酒标为毕加索所设计的"酒神祭"，产品仍成为抢手货，只是从此之后酒标上再不见此名言。

木桐堡面积广达 75 公顷，主要种植赤霞珠，占 85%，其他的都是少量，如

名画作酒标是木桐堡的特色

梅洛 8%，品丽珠 7%。虽然园区特别注意修剪，葡萄树的每一株只留一串葡萄，以确保质量。但因园区太广，故即使从葡萄刚成熟时即雇工采摘，也需要 2~3 周才能采完，结果还是影响了酒的质量。因此自 1982 年起改弦易辙，一次雇工 600 人，尽量在 3~5 天内采完，而且逐粒精选，还以手工拔去茎梗，质量才逐渐受到肯定。年产量为 36 万瓶。

首开请名家绘酒标的先例

1945 年第二次世界大战结束，当年气候与雨量都相当适宜，预期将是一个好年份。酒庄主人别开生面，特别央请画家朱利安（Philippe Julian）在酒标上绘上象征胜利的"V"字，作为促销利器，结果大受欢迎。从此之后，木桐堡每年都请名画家绘制酒标，首开请当代大艺术家设计酒标的先例。其后比较知名的大师画作如 1955 年的乔治·克拉克、1958 年的达利、1964 年的亨利·摩尔、1969 年的米罗、1973 年的毕加索、1975 年的安迪·沃荷。因为有大师加持，不仅木桐酒价跟着水涨船高，

连喝过的酒瓶也成为珍藏品。例如 1945 年的木桐堡酒一瓶大约 50 美元，如今高达 14000 美元。1869 年出产的木桐堡酒，2011 年更以 3 瓶 43.79 万英镑的高价拍出，创下了历史记录。

木桐堡与拉菲堡（Lafite Rothschild）中都有 Rothschild，堡主也都是德国裔，但因拉菲堡早就是一级酒庄，酒的卖价一向比较高，此举令木桐堡甚为不服，一路追赶，最后才平起平坐。以 1970 年份的酒为例，木桐堡每桶卖 36000 法郎，拉菲堡却订为 50000 法郎，木桐堡见状立刻调升为 65000 法郎，远高于对手。此后甚至定价都故意比拉菲堡高，一直到 1973 年升为一级酒庄，两家才不再斗气。

木桐堡的红葡萄酒以赤霞珠为主，根据不同年份，加入不同比例的品丽珠、梅洛或小维铎，因此具有赤霞珠的典型特征，如成熟的黑醋栗果香、咖啡、烟熏香、香草味及矿物味，且单宁坚实，需存放 7~15 年方可饮用。

帕克将 1959 年、1982 年、1986 年三个年份的酒都评为满分。有趣的是，帕克在 1973 年评论 1945 年的木桐堡时，给予 100 分满分。经过 52 年后，1997 年再度品评，发现果香依然丰富，而且口感浓郁醇厚，认为酒依然年轻，至少可再收藏 50 年（至 2045 年）。这些被帕克评为 100 分的酒，1945 年、1959 年每瓶约 4000 美元，1982 年每瓶 2000 元，1986 年约 1200 元，2010 年每瓶约 1200 美元。其出厂价每瓶约 1000 美元。

副牌与合作品牌也不错

木桐堡的副牌是 Le Petite Mouton，混合赤霞珠、梅洛、品丽珠，随不同年份、不同比例混合而成，口感优雅，尤其是 2000 年、2003 年、2010 年份最佳，出厂价为每瓶 150~200 美元。

1979 年，木桐堡与美国罗勃蒙太渥（Robert Mondavi）在加州纳帕谷合作，推出以赤霞珠为主的 Opus One，其实力不逊于波尔多名

酒。出厂价每瓶约为 250 美元。

7. 拉图堡

拉图酒庄位于波伊亚克区，占地 62 公顷，法文拉图（Latour）为"塔"的意思，这是因为酒庄中有一座历史悠久的塔而得名。

拉图堡主要种植赤霞珠品种的葡萄，占 75%，其他的梅洛占 20%，品丽珠占 4%，小维铎只占 1%，每公顷种植 30~40 年树龄的葡萄 1 万株，但每公顷的收成只有 5000 升，年产 17.5 万瓶。

采用现代科技设备

虽然历史悠久，但早年出产的酒并没有太大特色，因而致力于技术革新：使用现代化不锈钢酒槽，并引进可控温及控制发酵进度的设备，使发酵时间由原本 2 周减为 7~10 天，缩短年份酒的优劣落差。

在不锈钢槽发酵完成后，再置回全新橡木桶内醇化 20 个月，才装瓶问世。其醇化期比拉菲堡久，需 10~15 年才可解涩，15~20 年后方才成熟，好年份甚至能存放 50 年之久。成熟的拉图堡具有爆发力，最耐久藏；尤其单宁坚实，极富层次感，口味浓郁而细腻，余韵绵长，还带有黑醋栗果香。

被帕克评为 100 分的年份有：1961 年（每瓶约 5800 美元），1982 年（约 2600 美元），2003 年（1300 美元），2009 年（1800 美元），2010 年每瓶约 1800 美元。

即使是不好的年份，如 1960 年，每瓶也可卖到 600 美元；1972 年、1974 年每瓶约 300 美元，都有一定的水平。

副牌酒可比美正牌酒

1983—1989 年的拉图堡酒酒质略变,口感较柔和,其出厂价每瓶在 800~1600 美元之间。

拉图堡酒的副牌是 Les Forts de Latour Pauillac,以 1979 年、1990 年、1995 年、1996 年、2001 年、2002 年、2003 年的质量较佳,可比美二级酒庄的正牌酒,2010 年更有 96 分的实力。其出厂价每瓶约 250 美元。

8. 玛歌堡

玛歌酒庄位于梅多克最南的玛歌区,占地 90 公顷,其中,74 公顷种植红葡萄,12 公顷为白葡萄区。1787 年,美国总统杰弗逊把玛歌堡列为波尔多地区四大酒庄,排名第一。1855 年,法国政府重做评鉴,没想到四大酒庄竟与杰弗逊的看法一模一样。

玛歌庄园种植的葡萄以赤霞珠品种为主,占 75%;其他为梅洛 20%,品丽珠 2%,小维铎 3%,平均树龄 35 年,每公顷种植一万株,但所采收的葡萄进行严选,大约只有三分之一用于酿造正牌酒,年产 20 万瓶,在全新橡木桶内醇化 18~24 个月才装瓶问世。

出现在多部电影之中

玛歌酒呈深红色,边缘为宝石红,口感柔顺、醇正,犹如丝绸般高雅。其单宁和酸味呈完美平衡,层次复杂,有黑醋栗、紫罗兰的香味,余味悠长,比之刚强、雄浑的拉图堡,玛歌堡犹如大家闺秀一般温和。如果说拉图堡是酒王,那么玛歌堡就是酒后。

有人曾问黑格尔:"幸福是什么?"黑格尔回答:"如 1848 年的玛歌堡酒。"

大文豪海明威生前也非常喜爱玛歌堡酒，他为孙女取名为"玛歌·海明威"。电影《苏菲的选择》中，梅莉·史翠普说："如果在世上活得像圣人一样清高，那死后在天堂就可喝到玛歌堡酒吧！"日本连续剧《失乐园》里，男女最后殉情时是用玛歌堡1984年的酒配毒药自杀。帕克把1900年（每瓶约12000美元）的玛歌堡酒评为100分，当年生产30000瓶。

玛歌酒最佳年份是1978年、1983年、1986年、1989年、1990年、1995年、1996年、2000年、2003年、2005年、2009年等，其中被帕克评为满分者为1900年份，每瓶约20万美元，1990年每瓶1500美元，2000年每瓶1500美元。出厂价为每瓶1000~1200美元。

白葡萄酒与副牌酒质量也很好

玛歌酒庄也出品白葡萄酒，品牌为"白亭"（Pavillon Blanc），为独立葡萄园，只种单一品种长相思，平均树龄20年。酿成后先在全新橡木桶醇化半年再上市，年产50000瓶。白酒富果香，耐贮藏，是波尔多最好的干白酒。出厂价每瓶为150~180美元。

副牌"红亭"，以58%的赤霞珠与37%的梅洛、5%的维铎酿成，2000年被帕克评为94分，其酒体柔顺，果香丰富，颇受女性喜爱。好年份是1996年、2000年。出厂价每瓶约为200美元。

玛歌"白亭"

9.奥松堡

奥松酒庄位于圣埃美隆区，是以赞咏美酒及葡萄庄园的著名罗马诗人奥松（Ausonius）命名。该园区占地7公顷，平均树龄50~55年，主要品种50%是品丽珠，50%是梅洛，以人工采摘葡萄，每公顷产量约4500升，在全新橡木桶内陈酿19~23个月才装瓶贩卖。年产量只有25000瓶，是波尔多八大酒庄中产量最少者（比柏图斯还少）。

需存放15年以上才见特色

其实在20世纪六七十年代，奥松堡的

质量远不如其他五大酒庄，直到 1995 年聘请酿酒大师罗兰（M. Rolland）担任顾问后，质量才大大提升，酒价竟超过木桐堡。

奥松堡的特色是酒体重，单宁高，入口苦涩，需存放 15~20 年方能发挥本色。成熟之后会散发复杂的香味，有成熟黑醋栗、蓝莓、松露香味，辛辣矿物质味，口味和花堡相似。帕克认为奥松堡的寿命可长达 50~100 年。

奥松堡的最佳年份为：2000 年（每瓶约 2700 美元）、2001 年、2002 年、2003 年。

被帕克评为 100 分的年份有：2003 年（每瓶约 2100 美元）、2005 年（约 3000 美元）、2010 年（2000 元）。其出厂价约 1800 美元。

奥松堡的副牌 Chapelle d'Ausone 带有咖啡口感，年产量只有 7000 瓶，是最贵的波尔多副牌酒，2000 年后每年都有 90

分的水平，最好的年份是 2000 年、2001 年、2002 年、2003 年、2010 年。出厂价为 180~250 美元。

10. 奥比昂堡

奥比昂堡（又名红颜容酒庄）是官方认证的四大酒庄中唯一不在梅多克，而在格拉芙区的顶级酒庄，也是格拉芙区唯一逃过根瘤芽虫侵犯的幸存的酒庄。这里原本是宗教团体的产业，所以现在内部还留有当时的礼拜堂。

红白葡萄酒都具有身价

奥比昂堡占地 42 公顷，55% 种植赤霞珠，25% 是梅洛，20% 是品丽珠，平均树龄 30 年，每公顷种植 6000 株，采用人工采摘并严选葡萄。年产 145000 瓶，使用全新橡木桶，陈酿 24 个月才装瓶问世，至少 6 年方可饮用。

另栽种白葡萄面积 2.5 公顷，63% 是塞美雍，37% 是

长相思，生产的 Haut-Brion Blanc 年约 10000 瓶，陈酿 13~16 个月才装瓶，产量不及红酒的十分之一，不但是顶级干白酒，和一般白酒不同，需要 6 年酒龄才适合饮用，价格和其红酒不相上下。波尔多酒区只有奥比昂堡的白酒可以和勃艮第的蒙哈榭相抗衡。

奥比昂堡红葡萄酒又名"红颜容"，多次在盲目评酒会夺魁，因此被公认为是波尔多最好的葡萄酒之一，其酒色砖红，酒体中度，酒香复杂，带有黑醋栗、黑莓、樱桃味、烟熏、松露、雪茄盒味、泥土矿物味。

帕克认为奥比昂堡会让人越来越喜欢，尤其是其酒香的复杂性，被帕克评为 100 分的年份是：1945 年（每瓶约 5300 美元），1961 年（每瓶 3200 美元），1989 年（每瓶 1800 美元），2009 年（1200 美元），2010 年（1200 美元）。

2009 年、2010 年的白酒也都是 100 分。推荐年份：1961 年、1982 年、1985 年、1986 年、1989 年、1990 年、1995 年、1998 年、2000 年、2003 年、2005 年、2006 年、2009 年、2010 年等。其中

1989 年被帕克选为死前最想喝的一瓶酒，出厂价每瓶约为 1000 美元。副牌酒 Le Clarence de Haut Brion 出厂价每瓶约为 160 美元。

姊妹酒的价格有凌驾之势

奥比昂堡的姊妹酒庄（不是二军酒）奥比昂教会堡（Chateau La Mission de Haut Brion）在其东侧，近年来声誉更凌驾于奥比昂堡之上。主要品种为：赤霞珠占 50%，梅洛 40%，品丽珠 10%，平均树龄 40 岁，每年生产 10 万瓶，酒体类似拉图堡，售价不遑多让奥比昂堡，被帕克评为 100 分的年份是：1955 年（每瓶约 2700 美元），1959 年（每瓶 3400 美元），1982 年（约 1300 美元），1989 年（1200 美元），

2000 年（1000 美元），2009 年（1000 元），2010 年（每瓶 1000 美元），出厂价每瓶约为 1000 美元。副牌酒 La Chapelle de La Mission Haut-Brion 每瓶约为 120 美元。

11. 白马堡

白马酒庄位于圣埃美隆，与奥松堡都属波尔多河右岸酒。相传法皇亨利四世最喜欢白马堡酒，他到南法巡视时，曾骑白马投宿于旅店，这个旅店就是白马堡的前身。

法皇亨利四世的最爱

白马酒庄占地 38 公顷，主要品种为品丽珠占 66%，梅洛占 33%，平均树龄为 45 年，以人工采摘，在全新橡木桶陈酿 18~20 个月才装瓶上市。年产 12 万瓶。

圣埃美隆地区的葡萄酒通常是以梅洛酿造，但白马堡是少数以品丽珠为主的红酒。且酒庄以种植品丽珠出名，被尊为"品丽珠之王"，因此品种能增强酒体结构，但需要相当长的时间才能成熟，并发挥酒的潜力，在未成熟前会带青草味。

成熟的白马堡带焦糖味、梅李香，入口柔顺，香气澎湃。最佳年份为 1947 年、1948 年、1949 年、1982 年、1990 年、1998 年、2000 年、2005 年、2006 年、2009 年、2010 年。1947 年每瓶约 7500 美元，2000 年约 2000 美元，2009 年每瓶为 1800 美元。这些都被帕克评为满分。现今出厂价每瓶约 1800 美元。

其副牌 Le Petite Cheval 的最佳年份为 2000 年，帕克认为 2000 年的小白马比 20 世纪 70 年代的白马好，出厂价每瓶约 180 美元。

12. 澳大利亚代表酒：彭福

1842 年设立的彭福酒庄，位于澳大利亚南部的巴洛莎河谷，其生产的格兰吉酒（Grange Hermitage），堪称南半球第一种比美波尔多一级酒庄的红酒。

该园区占地 2000 公顷，平均树龄为 30 岁，每公顷种植 2200 株，使用美国橡木桶，醇化期 2 年，年产量 6 万瓶。

农庄酒主要由西拉种葡萄酿造，有时也加入赤霞珠，但缺乏罗纳河贺米达己酒庄（Hermitage）"小教堂"（La Chapelle）的阳刚酒劲，口感反而类似波尔多酒。

知名酒评家克拉克曾说过："1977年彭福的格兰吉，有木桐、小教堂和罗曼尼·康帝三大名酒汇合在一起才有的滋味。"

格兰吉1976年（每瓶约1000美元）被帕克评为满分，2004年为99分。1954年、1956年、1957年份的每瓶约3000美元，出厂价每瓶约400美元。

13. 意大利代表酒：Gaja

意大利的主要葡萄酒产区分为北、中、南三部分，北部主要为皮埃蒙特（Piedmont）和威尼托（Veneto）；中部为托斯卡纳（Tuscany）；南部是西西里和萨丁尼亚。

意大利酒一般都属家庭饮用酒，鲜少能登大雅之堂，Gaja酒是例外，有法国二级酒庄的水平。其最好的红酒产区在西北部的皮埃蒙特，此区阳光充足、空气潮湿，适宜葡萄生长，其中的巴洛洛（Barolo）区是Gaja的故乡，分成三个品牌，分别是：南圣劳伦佐（Sori San Lorenzo）、提丁南（Sori Tildin）及罗斯海岸（Costa Russi），年产量各约一万多瓶。

Gaja所用的葡萄是内比奥罗黑葡萄，晚熟、耐寒、富单宁。Gaja酒是葡萄榨汁后，先在小橡木桶醇化六个月，再泵入大橡木桶醇化一年六个月。全新橡木桶购入后会先存放三年才制桶，以去除过重单宁。Gaja三种品牌质量一致，酒体丰满，果香浓郁，出厂售价也相同（每瓶约400美元），南圣罗伦索口感较浓，需四五年完美的花香才会充分发挥，南提丁及柯斯塔卢西则可稍早饮用。

Gaja酒庄在1991年、1992年、1994年因葡萄质量欠佳，三种品牌忍痛不问市，可见制作之严谨。帕克1990年把南提丁评为100分（每瓶约650

美元），南圣罗伦索、柯斯塔卢西每年也都有 90 多分的水平。近年来推出 Gaja & Rey 的霞多丽白酒，也有近满分的评价。

14. 加州鹰啸膜拜酒

产自美国加州奥克维尔（Oakville），1992 年以 80 株赤霞珠起家，在简陋的库房中榨汁酿酒，当年只酿 2000 瓶，1995 年第一批上市时每瓶 50 美元，如今出厂一瓶绝不低于 1600 美元，且要排队等候。2000 年因酒质不佳，庄主居然全部毁弃不出货，损失约近两亿美元也在所不惜。

鹰啸酒是膜拜酒

一瓶 6 升的 1993 鹰啸酒曾于 2000 年时创下加州纳帕谷的拍卖记录，以 50 万美

元拍出，是当今世界最贵的酒，平均 1 毫升索价 80 美元，被称为"膜拜酒"（Cult wine）。这种膜拜酒每年只生产 500 箱，6000 瓶，酒庄只筛选二成最优良的葡萄酿酒，其余八成酿成二军酒，子以母贵，也吸引买家拉抬。

鹰啸酒是由赤霞珠、梅洛与品丽珠混酿而成，树龄 15 年，出厂前在法国橡木桶醇化 18 个月，1997 年被帕克评为 100 分（每瓶 5400 美元），《葡萄酒观察家》也以平均 95 分评之，只有 1998 年份较差，被评为 88 分。

2004 年以后被财团收购，产量大增，每年达 1000 箱，12000 瓶，所以 2004 年以前的酒每瓶都要 3000 美元，2007 年则每瓶为 2800 美元。

鹰啸酒果香浓郁，有草莓、覆盆子、浆果、咖啡、花香、皮草、野莓的气息，呈桃红色泽，需两小时醒酒，存放 15 年以上才适合饮用。与鹰啸酒合称"美国五大"的还有哈兰园（Harlan Estate）、布理恩家族（Bryant Family）、阿罗（Aroujo）及马亚园（Maya）。

其他 20 家一流酒庄

以下是美国知名的一流葡萄酒酒庄：

① Screaming Eagle

② Harlan Estate

③ Bryant Family

④ Araujo

⑤ Dalla Valle Vineyards、Maya

⑥ Diamond Greek Vineyards

⑦ Caymus Vineyards、Special selection

⑧ Stag's Leap Wine. Cellars、Cask 23

⑨ Shafer、Hillside Select

⑩ Grace Family Vineyards

⑪ Joseph Phelps Vineyards、Insignia

⑫ Opus one

⑬ Scarecrow

⑭ Ridge、Montebello Cabernet Sauvignon

⑮ Colgin Cellans（Tychson Hill）

⑯ Sine Qua Non（Syrah）

⑰ Kistler

⑱ Kongsgarrd

⑲ Quilceda

⑳ Marcassin

15. 蒙哈榭

蒙哈榭位于勃艮第黄金坡之伯恩丘的普里尼（Puligny），占地 8 公顷，其中 0.67 公顷属康帝酒庄。主要种植霞多丽，年均树龄 35 岁，采收晚，每公顷生产 3000 升，在全新橡木桶内发酵，再移桶醇化 2 年，年产量 47000 瓶，其中康帝酒庄产的 Grand Cru 3000~6000 瓶，是康帝七大顶级酒中唯一的白酒，故非常昂贵，出厂价每瓶约 4000 美元。1986 年被帕克评为 100 分，每瓶约 5000 美元。

喝 10 年以内的蒙哈榭是一种罪过

年轻的蒙哈榭呈现金绿色宝石黄，成熟后转为黄金色泽带有山楂及蜂蜜味，口感柔顺、扎实，香气清澄，有复杂的层次感，属长熟型，至少 10 年才会达适饮期。大仲马曾说过："喝蒙哈榭时应该要脱帽跪着，以示恭敬。"也有酒评家说："喝10 年以内的蒙哈榭是种罪过。"可见其珍贵。1960 年法国规划巴黎至里昂的高速公路，为了避开蒙哈榭葡萄园而绕道，竟多花了约合 1.6 亿美元。

16. 伊甘酒庄

位于波尔多最南边的苏特恩区，占地 100 公顷，生产世界顶级甜白酒，年产量 15 万瓶。主要种植塞美雍（80%），长相思（20%），平均树龄 25 年，每公顷产量 700 升，每瓶酒用 4 株葡萄树酿成，葡萄树达到 45 岁就砍掉，休耕三年再种植。

酒酵时都用新木桶，醇化期长达 3 年，每周都必须补满蒸发的酒精，并经常换桶，平均蒸发量约 20%。伊甘酒上市距采摘时间长达 4 年，因此价格昂贵。

俄皇与美国总统均大量购藏

伊甘酒带蜂蜜味，口感细致、丰厚、深沉，适合久藏，适饮期至少要 15 年后且可长达 50 年。初期颜色是黄澄，成熟后会逐渐变为赭红色。1847 年俄皇康斯坦丁曾以高价购买伊甘酒四大桶（1200 瓶），以为宫廷饮宴；1787 年杰弗逊也买了 1784 年的伊甘酒 250 瓶，放在大使馆地下室储藏，返回美国前又订了 40 箱，其中 30 箱送给华盛顿总统。

1811 年伊甘酒庄被帕克在 1996 年试饮时评为 100 分，2011 年以一瓶 117000 美元天的价拍出。1847 年也被评为 100 分（每瓶约 54000 美元）。2001 年被帕克评为 100 分（每瓶约 1000 美元）。伊甘酒庄的好年份是 1967 年、1983 年、1986 年、1988 年、1990 年、1997 年、2001 年、2007 年、2009 年、2010 年、2011 年，出厂价每瓶 600~800 美元。还有，伊甘酒庄与别家不同的是预购后 6 年才能取得成品酒。

17. 夏布利·顶级布兰硕

夏布利位于勃艮第西北角，是勃艮第唯一只酿白酒的产区，年产 1300 万瓶，分四个等级的白酒，分别是夏布利顶级 Chablis Grand Cru、一级夏布利 Chablis Premier Cru、夏布利 Chablis 以及小夏布利 Petit Chablis。

顶级夏布利产区约 100 公顷，其中以布兰硕园（Blanchots）的拉罗什（Laroche）最为知名，占地约 4.5 公顷，树龄平均 35 岁，每年生产顶级夏布利 26000 瓶，其中修道院特藏（Reserve de l'Obediencerie），每株葡萄只留一串果实，其余则修剪掉。每年生产不到 5000 瓶，每瓶均有签名编号，出厂价一瓶约为 120 美元。夏布利酒入口瞬间犹如冰匙，橡木香扑鼻、微甘、复杂多层次，是专门佐食生蚝的白酒。

推荐几款"平民美酒"

其实，以不超过 100 美元的价格就可以喝到帕克打 95 分葡萄美酒。

对初入门者而言，一瓶数万元的葡萄酒可能买不下手，更舍不得喝，何况平时要喝梦幻美酒的机会也不多。为了让大家也能以"平价"喝到美酒，法国香槟骑士黄辉宏特别推介下列几款美酒。一般而言，平时独酌或三两好友聚餐，60~70 美元的葡萄酒就可以喝得很过瘾了。事实上，2009 年帕克评分在 95 分左右的红酒，很多价格都在 60~120 美元之间，读者不妨询访专家，或许可意外地从一堆玻璃中发现钻石。

35 美元以下的葡萄酒	
2009	Di Avellino 意大利 Fiano 白酒
2007	Ravanal limited selection 智利赤霞珠红酒
2011	Fritz Haag Kabinett 德国雷司令白酒
2010	Mont-Pérat 波尔多梅洛红酒
2009	Delicato First Press 加州拿帕赤霞珠红酒
2007	Callia Magna 阿根廷西拉红酒

	65~100 美元的葡萄酒
2009	Chateau La Lagune 波尔多赤霞珠红酒
2007	Pio Cesare Barolo Ornato DOCG 意大利内比奥罗红酒
2005	St. Hallett Old Block 澳大利亚西拉红酒
2004	Yarra Yering Underhill Shiraz 澳大利亚西拉红酒
2007	Bacio Divino 加州赤霞珠红酒
2004	Chateau Clerc Milon 波依雅克赤霞珠红酒
2009	Finca Dofi 西班牙歌海娜红酒
2000	Tokaji Asuzu Disznoko 6P 匈牙利贵腐酒
2009	Kangarilla Road 澳大利亚西拉红酒

	35~65 美元的葡萄酒
2005	G.A.M.、Mitolo 澳大利亚西拉红酒
2009	Chateau Chasse-Spleen 梅多克赤霞珠红酒
2009	Mario Ravanal 智利赤霞珠红酒
2009	Grand Callia 阿根廷西拉红酒
2007	Enzo Bianchi 阿根廷赤霞珠红酒
2004	Taurasi Docg Pago Dei Fusi 意大利 Aglianico 红酒
2005	Andrew Will Champoux 华盛顿州赤霞珠红酒
2009	Le Petit Haut Lafitte 波尔多赤霞珠红酒
2009	Kangarilla Road 澳大利亚西拉红酒

专家推荐的稀世珍酿：世界百大葡萄酒

勃艮第区红酒

» *Domaine de la Romanée-Conti、La Romanée-Conti*（罗曼尼·康帝）

» *Domaine de la Romanée-Conti、La Tâche*（塔希）

» *Bouchard、La Romanée Grand Cru*（罗曼尼）

» *Domaine de la Romanée-Conti、Richebourg*（李其堡）

» *Domaine de la Romanée-Conti、La Romanée-Saint-Vivant*（圣维望之罗曼尼）

» *Domaine de la Romanée-Conti、Grands Echézeaux*（大依瑟索）

» *Domaine de la Romanée-Conti、Echézeaux*（依瑟索）

» *Domaine François Lamarche、La Grande Rue*（大街）

» *Domaine Leroy、Clos de Vougeot*（伏旧园）

» *Domaine Comte Georges de Vogüé、Musigny*（木西尼）

» *Domaine Jacques-Fréderic Mugnier、Chambolle Musigny 1er Cru les Amoureuses*（香柏木西尼爱侣园）

» *Domaine Drouhin-Laroze、Bonnes Mares*（柏内玛尔）

» *Domaine Dujac、Clos Saint-Denis*（圣丹尼园）

» *Mommessin、Clos de Tart*（大德园）

» *Domaine Ponsot、Clos de La Roche*（德拉荷西园）

» *Domaine Armand Rousseau、Chambertin-Clos de Bèze*（香柏坛贝日园）

» *Chambertin*（香柏坛）

» *Cros-Parantoux*（克罗帕兰图园）

波尔多区红酒

» *Château Pétrus、Pomerol*（柏图斯堡）

» *Château Lafleur、Pomerol*（拉弗尔堡 / 花堡）

» *Le Pin、Pomerol*（里鹏）

» *Château L'Evangile、Pomerol*（乐王吉堡）

» *Château Mouton Rothschild、Pauillac*（木桐罗基德堡）

» *Château Lafite Rothschild、Pauillac*（拉菲堡）

» *Château Latour、Pauillac*（拉图堡）

» *Château Pichon-Longueville、Comtesse de Lalande、Pauillac Deuxièmes Cru*（皮琼龙戈维拉兰伯爵夫人堡）

» *Château Ducru-Beaucaillou、Saint-Julien Deuxièmes Cru*（杜可绿柏开优堡）

» *Château Léoville-Las-Cases、Saint-Julien Deuxièmes Cru*（李欧维拉斯卡斯堡）

» *Château Cos d'Estournel、Saint Estèphe Deuxièmes Cru*（柯斯德图耐拉堡）

» *Chââteau Montrose、Saint Estèphe Deuxièmes Cru*（孟特罗斯堡）

» *Château Margaux、Margaux*（玛歌堡）

» *Château Palmer、Margaux Troisièmes Cru*（帕玛堡）

» *Château Ausone、Saint-Émilion Premiers Grands Cru Classé A*（奥松堡）

» *Château Cheval-Blanc、Saint-Émilion Premiers Grands Cru Classé A*（白马堡）

» *Château de Valandraud、Saint-Émilion*（瓦伦德罗堡）

» *Château Haut-Brion、Graves*（奥比昂堡）

罗纳河区红酒

» *Etinne Gugial、Cote Rotie la Turque*（杜克）

» *Paul Jaboulet Aine、Hermitage、La Chapelle*（贺米达己小教堂）

» *Domaine Jean-Louis Chave、Cuveé Cathelin*（夏芙酒庄凯瑟琳精选级）

» *M. Chapoutien、L'Ermite*（夏波地酒庄 隐士园）

» *Château Rayas、Châteauneuf-du-Pape*（拉雅堡）

» *Chateau de Beaucastel、Homnage à Jacques Perrin*（布卡斯特堡佩汉酒）

» *Domaine Pegau、Cuvée da Capo*（佩高酒庄卡波酒）

美国红酒

» *Diamond Creek Vineyards、Lake、Napa Valley、Cabernet Sauvignon*（钻石溪酒园）

» *Caymus Vineyards Special Selection、Napa Valley、Cabernet Sauvignon*（开木斯园特选酒）

» *Stag's Leap Wine Cellars、Cask 23、Napa Valley、Cabernet Sauvignon*（鹿跃酒窖 23 号桶）

» *Screaming Eagle、Napa Valley、Cabernet Sauvignon*（啸鹰园）

» *Harlan Estate、Napa Valley、Cabernet Sauvignon*（哈兰园）

» *Shafer Vineyards、Hillside Select、Napa Valley、Stag's Leap District、Cabernet Sauvignon*（谢佛园鹿跃山区精选）

» *Grace Family Vineyards、Napa Valley、Cabernet Sauvignon*（葛利斯家族园）

» *Joseph Phelps Vineyards、Insignia、Napa Valley*（飞普斯园徽章）

» *Araujo*（阿罗厚）

» *Opus One、Napa Valley*（第一号作品）

» *Scarecrow*（稻草人）

» *Ridge、Monte Bello、Cabernet Sauvignon、Santa Cruz Mountains*（利吉蒙特贝罗园）

» *Dalla Valle Vineyards、Maya*（达拉维尔酒庄玛雅酒）

» *Colgin Cellans*（*Tychson Hill*）（柯金酒窖泰奇森山区园）

» *Sine Oua Non*（*Syrah*）（辛宽隆酒庄）

意大利红酒

» *Angelo Gaja、Sori Tilden、Barbaresco DOCG、Piemonte*（歌雅提丁之南园）

» *Ceretto、Bricco Rocche、Barolo DOCG、Piemonte*（杰乐托罗西峰顶）

» *Bruno Giacosa、Le Rocche del Falletto*（布鲁诺贾可沙酒庄）

» *Biondi Santi、Brunello di Montalcino DOCG Il Greppo Riserva、Toscana*（贝昂地山地特藏酒）

» *Tenuta San Guido、Sassicaia、Toscana*（萨西开亚）

» *Antinori、Solaia、Toscana*（安提诺里索拉亚）

» *Tenuta dell Ornellaia、Toscana*（欧纳拉亚）

» *Dal-Forno Romano、Amarone*（达法诺罗马诺酒庄阿马龙酒）

西班牙红酒

» *Vega Sicilia、Unico Reserva Especial、Ribera del Duero*（维加西西利亚园珍藏酒）

» *Alejandro Fernandez、Pesquera Janus、Ribera del Duero*（费南德兹耶鲁斯）

» *Dominio de Pingus、Ribera del Duero*（平古斯）

» *Alvaro Palacios、L'ermita、Priorat*（帕拉西欧斯拉米塔）

澳大利亚红酒

» *Penfolds、Grange Hermitage*（彭福农庄酒）

» *Henschke、Hill of Grace*（汉谢克园恩宠山）

» *Clarendon Hills、Astralis*（克勒雷登山星光园）

德国甜白酒

» *Egon Müller、Scharzhofberg、TBA、Mosel-Saar-Ruwer*（伊贡米勒园枯萄精选）

» *Fritz Haag、TBA*（弗利兹哈格园枯萄精选）

» *Joh. Jos. Prum、Wehlener Sonnenuhr、TBA、Mosel-Saar-Ruwer*（普绿园枯萄精选）

» *Schloss Johannisberg、Eiswein、Rheingau*（约翰山堡冰酒）

» *Weingut Robert Weil、Kiedricher Gräfenberg、TBA、Rheingau*（罗伯特威尔园基德利伯爵
山园区枯萄精选）

» *Schloss Schönborn、Hattenheimer Pfaffenberg、TBA、Rheingau*（勋彭堡发芳山园枯萄精选）

» *Weingut Dr. von Bassermann-Jordan、TBA、Pfalz*（巴塞曼乔登博士园枯萄精选）

法国甜白酒

» *Château d'Yquem、Premier Cru Supérieur、Sauternes*（伊甘酒庄）

» *Chateau d'Arlay*（*Vins de Paitle*）（大莱堡草席酒）

» *Domaine Weinbach、Gewürztraminer、Cuvée Laurence、Alsace Grand Cru AOC*（葡萄酒
溪园宝霉酒）

» *Hugel et Fils、Gewürztraminer、Hugel、Sélection de Grains Nobles、Alsace AOC*（忽格父
子园宝霉酒）

» *Zind-Humbrecht、Riesling、Clos Saint Urbain、Rangen de Thann、Alsace Grand Cru AOC*（洪
伯利希特圣乌班园区宝霉酒）

匈牙利甜白酒

» *Chateau Pazos*、*Essencia*（佩佐斯堡宝霉精华酒）

法国干白酒

» *Domaine de la Romanée-Conti*、*Montrachet*（蒙哈榭）

» *Domaine Ramonet*、*Batard-Montrachet*（巴塔蒙哈榭）

» *Louis Latour*、*Chevalier-Montrachet Grand cru*、*Les Demoiselles*（骑士蒙哈榭小姐园）

» *Bonneau du Martray*、*Corton-Charlemagne Grand Cru*（寇东查理曼）

» *Domaine Laroche*、*Chablis Grand Cru*、*Les Blanchots*、*Réserve de l'Obédience*（顶级夏布利布兰硕）

» *Chateau Haut-Brion Blanc*（奥比昂堡白酒）

» *Château Grillet*、*Neyret-Gachet*、*Northern Rhône*（葛莉叶堡）

法国香槟

» *Moët & Chandon*、*Champagne*、*Cuvée Dom Pérignon*（唐·裴利农精选）

» *Krug*、*Champagne*、、*Blanc de Blancs*、*Clos du Mesnil*（库克美尼尔园）

» *Salon*、*Champagne Brut*、*Blanc de Blancs*、*Le Mesnil*（沙龙）

» *Bollinger*、*Champagne*、*Vieilles Vignes Francaises*（伯兰杰法国老株）

» *Louis Roederer*、*Champagne Brut*、*Cristal Champagne*（侯德乐水晶香槟）

» *Taittinger*、*Champagne*、*Millésime*、*Comtes de Champagne*（泰亭杰香槟伯爵）

葡萄牙波特酒

» *Quinta do Noval*、*Vintage Porto*、*Nacional*、*Douro*（诺瓦酒园国家级）

《醒酒家 (Decanter)》杂志推荐: 一生必喝的百款葡萄美酒

前十名的酒款

» *1945 Château Mouton-Rothschild*

» *1961 Château Latour*

» *1978 La Tâche - Domaine de la Romanée-Conti*

» *1921 Château d'Yquem*

» *1959 Richebourg - Domaine de la Romanée-Conti*

» *1962 Penfolds Bin 60A*

» *1978 Montrachet - Domaine de la Romanée-Conti*

» *1947 Château Cheval-Blanc*

» *1982 Pichon Longueville Comtesse de Lalande*

» *1947 Le Haut Lieu Moelleux、Vouvray、Huet SA*

波尔多区

» *Chateau Ausone 1952*

» *Chateau Climens 1949*

» *Chateau Haut-Brion 1959*

» *Chateau Haut-Brion Blanc 1996*

» *Chateau Lafite 1959*

» *Chateau Latour 1949、1959、1990*

» *Chateau Leoville-Barton 1986*

» *Chateau Lynch-Bages 1961*

» *Chateau La Mission Haut-Brion 1982*

» *Chateau Margaux 1990、1985*

» *Chateau Petrus 1998*

» *Clos l'Eglise、Pomerol 1998*

勃艮第区

» *Comte Georges de Vogue、Musigny Vieilles Vignes 1993*

» *Comte Lafon、les Genevrieres、Meursault 1981*

» *Dennis Bachelet、Charmes-Chambertin 1988*

» *Domaine de la Romanee-Conti、La Tache 1990、1966、1972*

» *Domaine de la Romanee-Conti、Romanee-Conti 1966、1921、1945、1978、1985*

» *Domaine Joseph Drouhin、Musigny 1978*

» *Domaine Leflaive、Le Montrachet Grand Cru 1996*

» *Domaine Ramonet、Montrachet 1993*

» *G. Roumier、Bonnes Mares 1996*

» *La Moutonne、Chablis Grand Cru 1990*

» *Lafon、Le Montrachet 1966*

» *Rene & Vincent Dauvissat、Les Clos、Chablis Grand Cru 1990*

» *Robert Arnoux、Clos de Vougeot 1929*

阿尔萨斯区

» *Jos Meyer、Hengst、Riesling、Vendange Tardive 1995*

» *Trimbach、Clos Ste-Hune、Riesling 1975*

» *Zind-Humbrecht、Clos Jebsal、Tokay Pinot Gris 1997*

香槟区

» *Billecart-Salmon、Cuvee Nicolas-Francois 1959*

» *Bollinger、Vieilles Vignes Francaises 1996*

» *Charles Heidsieck、Mis en Cave 1997*

» *Dom Perignon 1988*

» *Dom Perignon 1990*

» *Krug 1990*

» *Louis Roederer、Cristal 1979*

» *Philipponnat、Clos des Goisses 1982*

» *Pol Roger 1995*

罗亚尔河区

» *Domaine des Baumard、Clos du Papillon、Savennieres 1996*

» *Moulin Touchais、Anjou 1959*

罗纳河区

» *Andre Perret、Coteau de Chery、Condrieu 2001*

» *Chapoutier、La Sizeranne 1989*

» *Chateau La Nerthe、 Cuvee des Cadettes 1998*

» *Chateau Rayas 1989*

» *Domaine Jean-Louis Chave、 Hermitage Blanc 1978*

» *Guigal、 La Landonne 1983*

» *Guigal、 La Mouline、 Cote-Rotie 1999*

» *Jaboulet、 La Chapelle、 Hermitage 1983*

法国其他地区

» *Chateau Montus、 Prestige、 Madiran 1985*

» *Domaine Bunan、 Moulin des Costes、 Charriage、 Bandol 1998*

意大利

» *Ca' del Bosco、 Cuvee Annamaria Clementi、 Franciacorta 1990*

» *Cantina Terlano、 Terlano Classico、 Alto Adige 1979*

» *Ciacci Piccolomini、 Riserva、 Brunello di Montalcino 1990*

» *Dal Forno Romano、 Amarone della Valpolicella 1997*

» *Fattoria il Paradiso、 Brunello di Montalcino 1990*

» *Gaja、 Sori Tildin、 Barbaresco 1982*

» *Tenuta di Ornellaia 1995*

» *Tenuta San Guido、 Sassicaia 1985*

德国

» *Donnhoff、 Hermannshole、 Riesling Spatlese、 Niederhauser 2001*

» *Egon Muller、Scharzhofberger TrockenBeerenAuslese 1976*

» *Fritz Haag、Juffer-Sonnenuhr Brauneberger、Riesling TBA 1976*

» *J. J. Prum、Trockenbeerenauslese、Wehlener Sonnenuhr 1976*

» *Maximin Grunhaus、Abtsberg Auslese、Ruwer 1983*

澳大利亚

» *Henschke、Hill of Grace 1998*

» *Lindemans、Bin 1590、Hunter Valley 1959*

» *Seppelts、Riesling、Eden Valley 1982*

北美洲

» *Martha's Vineyard、Cabernet Sauvignon 1974*

» *Monte Bello、Ridge 1991*

» *Stag's Leap Wine Cellars、Cask 23、Cabernet Sauvignon 1985*

西班牙

» *Vega Sicilia、Unico 1964*

» *Dominio de Pingus、Pingus 2000*

匈牙利

» *Crown Estates、Tokaji Aszu Essencia 1973*

» *Royal Tokaji、Szt Tamas、6 Puttonyos 1993*

奥地利

» *Emmerich Knoll、Gruner Veltliner、Smaragd、Wachau 1995*

新西兰

» *Ata Rangi、Pinot Noir 1996*

波特酒 / 加烈酒

» *Cossart Gordon、Bual 1914*

» *Fonseca、Vintage Port 1927*

» *Graham's 1945*

» *henriques & henriques、Malmsey 1795*

» *HM Borges、Terrantez、Madeira 1862*

» *Quinta do Noval、Nacional 1931*

» *Taylor's 1948、1935、1927*

参考文献

[1] 陈新民. 稀世珍酿. 台北：红蚂蚁图书公司，2011.

[2] 陈新民. 酒缘汇述. 台北：红蚂蚁图书公司，2008.

[3] 陈新民. 拣饮录. 台北：城邦文化事业公司，2010.

[4] 陈新民. 酒海南针. 台北：红蚂蚁图书公司，2013.

[5] 麦萃才. 法国波尔多红酒品鉴与投资. 上海：上海科学技术出版社，2008.

[6] 弘兼宪史. 葡萄酒入门讲座. 台北：积木文化，2011.

[7] 弘兼宪史. 顶级葡萄酒讲座. 台北：积木文化，2011.

[8] Hugh Johnson. The Story of Wine. London: Octopus Publishing，2004.

[9] Vincent Gasnier. How to Choose Wine. London: Dorling Kindersley，2006.

[10] 若生ゆき绘. ワインの基础知识. 东京：新星出版社，2012.

[11] Parker, Robert M. Parker's Wine Buyer's Guide (7th Edition). New York: Simon & Schuster，2008.

[12] Parker, Robert M.The World's Greatest Wine Estates. New York: Simon & Schuster，2005

本书推荐

　　"年份好"加上好的酿造技术，才能成就优质葡萄酒的美名，其价格当然跟着水涨船高，不仅让行家着迷，还成为稳赚不赔的投资标的物。

　　本书列出六十多年来红、白酒的好年份，细说世界各大酒庄的美酒与价格。不管是刚入门者还是葡萄酒爱好者，一定要放一本在身边，随时比对，才不会被人笑话为外行。

　　请注意，以下这些年份的红葡萄酒为近年来法国波尔多好年份的红葡萄酒：1982 年、1986 年、1990 年、1996 年、2000 年、2005 年、2009 年、2010 年。

　　"不理想年份"为 1960 年、1963 年、1965 年、1968 年、1969 年、1972 年、1974 年、1977 年、1980 年、1987 年、1991 年、1997 年、2007 年和 2011 年。

　　欲知其他"不可不知"的常识，请细读本书。

杨怡祥